杨剑波 ◎ 编著

中国古代农业科技

创新发展的成就与启示

U0306283

 中国农业科学技术出版社

图书在版编目（CIP）数据

中国古代农业科技创新发展的成就与启示／杨剑波
编著 . -- 北京：中国农业科学技术出版社，2024. 11.
ISBN 978-7-5116-7167-7

Ⅰ. S-092. 2

中国国家版本馆 CIP 数据核字第 2024Y7Q982 号

责任编辑　穆玉红
责任校对　马广洋
责任印制　姜义伟　王思文

出 版 者　中国农业科学技术出版社
　　　　　北京市中关村南大街 12 号　　邮编：100081
电　　话　（010）82106626（编辑室）　　（010）82106624（发行部）
　　　　　（010）82109709（读者服务部）
网　　址　https://castp.caas.cn
经 销 者　各地新华书店
印 刷 者　北京建宏印刷有限公司
开　　本　155 mm×230 mm　1/16
印　　张　10
字　　数　150 千字
版　　次　2024 年 11 月第 1 版　2024 年 11 月第 1 次印刷
定　　价　59.00 元

目　录

第一篇

中国古代农业科技创新发展的经验与特色

作为有着 5 000 多年文明历史的东方大国，中国在发展农业的过程中，产生过许多伟大的科技发明，创造了辉煌的中华农业文明，促进了人类的发展和进步。2016 年，中国科学院自然科学史所在征求全国各学科领域众多专家学者意见的基础上，遴选出 88 项中国古代重大的发明创造。其中农业方面尤其亮眼，占到了总数的 1/5 之多，既包括了水稻、粟、大豆、茶叶、竹子、柑橘等重要农作物的驯化和栽培；也包括了猪、家蚕等重要农业动物的驯化和饲养；还有一些重要的农作方法，如二十四节气、多熟种植、温室栽培、分行栽培（垄作法）、杂种优势利用等被入选；还包括了翻车（龙骨车）、灵渠、都江堰等重要的农田提水工具和著名的水利工程，真可谓群星璀璨、精彩纷呈。在中国近万年的农业发展历程中，广大劳动人民凭着勤劳的双手和聪明的头脑，不断地实践、探索和创新，在人类发展进步史上留下了光辉灿烂的篇章。不仅把许多野生的动植物驯化成为家养动物与栽培植物，还通过改进栽培条件、人工选择、杂交育种等创新实践，培育了大量的农业动植物优良品种，发展了农业工具、改土施肥、农田灌溉等精耕细作的农业技术，养活了占世界 20% 以上的人口，为世界农业的发展和繁荣作出了不可磨灭的贡献。

一、中国古代农业科技发展的开创性、
连续性和辉煌成就

自从有了农业实践，我国农业技术的创新就一直没有停止过。早在新石器时代原始农业开始，从渔猎和野果采集，到野生动植物的驯化；从刀耕火种，到铁犁牛耕；从广种薄收，到精耕细作；从信奉龙王和神灵，到兴修水利、遵守节气和自主创造美丽的田园生活；这一切始终得益于农业科技的进步。从《史记·夏本纪》大禹的训词中（"令益予众庶稻，可种卑湿"），便能想见到在夏王朝开国之前，伯益（据考为秦之先祖）依令向民众分发稻种，并教会他们在低洼湿润的土地上种植水稻的情景。据统计，在有历史记载的几千年的时间里，中国农业科技的发明创造有 1 000 项之多，并出现了秦汉和宋元两个辉煌的时期。新石器时代的初期，先人们主要以渔猎和植物采集为主。后来由于气候、生态等自然环境的变化和氏族定居发展的需要，他们遍尝百草，发现一些植物的果实或种子能够很好地满足人们的生存需要，进而加以特别的看护和繁殖，明白了"种瓜得瓜、种豆得豆"的道理，学会了使用种子进行栽培，并进行一些有针对性的选择，开启了人工驯化野生植物的过程。由于长期对自然环境适应，许多野生植物都有着顽固的自我保护习性，比如普通野生水稻通常呈匍匐或半匍匐生长的状态（以避免被台风折断）；其籽实颖壳上通常有很长的芒，且成熟时极易落粒（以减少被鸟类侵食的危险），这对其在野外恶劣环境下生存和世代延续是有利的，但却不利于人们的栽培管理。我们的祖先为了获得较高的产量，就对野生水稻的易落粒性、匍匐生长习性等进行改造，并特别选择穗大粒多抗倒伏的植株留种；通过不断人工选择和对栽培条件的适应，促使其遗传特性向着人类需求的方向进化，并尽可能满足不同生态条件和不同人群偏好等多方面的需要，于是新作物、新品种就大量形成了。中国的先人们就是凭着这种开拓进取的精神和坚持不懈的努力，完成了对粟、水稻、大豆等重要农作物和猪、家蚕等农业动物的驯化。从考古出土的农业遗存看，我国栽培粟和水稻的历史至少在 8 000 年以上，创造了丰富的具有地方特色的多种栽培类型。我国起源的农作物种类之多（全世界栽培的 600 多种作物中，有 20% 以上是起源于我国），品种之盛（我国已经收集整理到的水稻地方品种有 40 000 个以上，粟的品种也多达 15 000 多个），价值之大（水稻养活了世界一半以上的人口，大豆和茶叶都是世界经济贸易的"宠儿"，蚕丝一直是人们的高级衣料等），是世所罕见的。这都是我国各地的劳动人民经过世代的"存优汰劣"的留种、选种和育种而创造出来的宝贵生物资源。进化论的创立者、英国伟大的生物学家达尔文在《物种起源》中赞叹道："如果以为选择原理是近代的发现，那就未免和事实相差太远……在一部古代的中国百科全书*中，已经有关于选择原理的明确记述。"可以十分肯定地说，古代中国在驯化动植物、选育新品种的技术方面是走在世界前列的。有了经过驯化的动植物品种，农业便有了坚实的发展基础。

　　在原始农业的初期，中国的先民们实行的是刀耕火种。要开垦适于耕作的土地，必须先除去其上的野草和杂木，于是就发明了斧子和刀。先民们一方面尝试着寻找坚硬而又锋利的材料，另一方面还要摸

---

　　* 指《齐民要术》——笔者注。

索着进行适当的加工（切割、打磨等），使其变成一定形状和大小的合用工具，这促使他们完成了最初的农具制造。从我国出土的古代早期农具看，以石斧和石刀居多。相比较木、骨、蚌等材料，从硬度和重量来看，石质农具显然更适合于砍伐工作。尽管如此，对于较为粗大的树木，石刀石斧也是无济于事的，进而他们又发明了环剥树皮的技术，使大树枯死之后再加以焚烧。就这样，先民们十分艰难的把土地整理出来。接着便是播种，他们或直接撒下种子，或用尖头的木棒（即"耒"的雏形）掘开表土进行穴播。"耒"就这样被发明出来，成为早期的主要耕播工具。从商代甲骨文字形演化上看，当时应该既有单尖的耒，又有双尖的耒，还可以在耒上加脚踏横木，以便借助脚踏的力量送耒入土。安阳殷墟不少窖穴的壁上都留有双齿耒的痕迹；江西新干"大洋洲遗址"中，也发现了商代青铜耒的实物，这都表明，在商代"耒"的使用已相当普遍。到了西周时期，人们开始在"耒"的尖端安装上能提高耕地效率的"耜头"（形状与铲子类似），于是就变成了"耒耜"，成为新石器时代旱作农业的主要掘（翻）土工具。但从当时生产力发展的整体水平来看，西周时期的"耜头"应该多以石制为主。耒耜的柄是木制的，可以是直的，也可以稍有弯曲。人们手握耜柄，足踏耜冠，耜冠刺入土中，拉动耜柄，翻起一块土垡，向后退一步，依次而耕之。耒耜耕作之法能减轻一些劳动强度，也在一定程度上提高了土地的耕作效率。庄稼播种后，经过一段时间的生长就进入了成熟期，于是用于收获的镰刀就被发明出来，早期以石镰和蚌镰居多。总体上看，在当时从种到收的农业循环中，整地依然是最辛苦费力的工作，也是限制农业发展最突出最紧要的问题。因此，农具改良的方向始终以提高挖掘和翻土效率为主导。人们根据土壤的坚硬程度，又发明了"镢"和"锸"，"镢"是一种形似镐的刨土农具，上端方且厚重，下端扁且锐利，特别是顶端横装直柄以后，便于通过抡臂借势用力，有利于土壤的深度挖掘和翻刨；而"锸"是一种类似于锹的农具，属直插式翻土工具，便于通过脚踏垂直用力，适宜于较松软土地的深耕。随着中耕与浅耕的需要，"锄"也被发明，它是在"镢"基础上的演化而来，是一种长柄农具，其头部刀身平薄，锄头与长柄成一锐角，适合于表层土壤的翻松工作，可以用于中耕、浅耕、除草、疏松植株周围的土壤。新石器晚期的农具仍以石、木、骨、蚌为主，铁制金属农具在春秋战国时代出现，并逐渐显现其光明前景。

秦汉时期，中国农业科技迎来了爆发式增长，特别是铁犁牛耕技术的突破，使精耕细作成为可能，中国农业科技的发展进入了第一个高光时期。严格地说，"犁"是由耒耜和锄头演变而来。在人们开始尝试使用畜力耕作时，把"耜头"或"锄头"其前端改为尖刃状，并做成一定的曲度，再加上一根"拖杆"作为犁辕，于是就有了犁的大致雏形，后经不断改进，就有了我们今天认识的"犁"。其实，早在战国时期，北方一些地区（如秦国）就已开始使用牛拉的铁制耕犁，只是到了秦汉时代"牛耕铁犁"才得以普及，精耕细作的农艺体系也很快形成，农业得到长足式发展。这里有其深刻的政治历史背景，早在春秋战国时代，秦国就非常重视农业的发展（他们继承了其祖先伯益重农、善农的传统，大力修建都江堰和郑国渠等惠农工程，积极发展农业），国力迅速强盛起来，统一了六国，消除了长期的分裂战乱的局面，建立了统一的中央集权政府，实行车同轨、字同文、鼓励农耕的政策，农村生产力得到了较大的解放。汉朝更是接受了秦王朝"穷兵苛税"的覆灭教训，实行了"轻徭薄赋、与民休息"和"三十税一"的低税政策，使农业生产得到了快速发展，农村出现了前所未有的繁荣景象。从技术上讲，随着钢铁锻造和热处理工艺技术日趋成熟，西汉之初，就在全国各地设立铁官，专门生产和出售铁制农具，很快实现了铁金属农具的普及。与此同时，大力饲养耕牛，兴修农田水利，扩大农田灌溉，提高耕作水平，使农业产量有了大幅度的提高，出现"文景之治"的盛世景象。特别是铁犁与耕牛的结合，极大地促进了农业生产力的发展。随着耕作技术的日益成熟，又发明了提高播种效率的耧车以及向高处和远处提水的翻车、渴乌等农田灌溉工具；区田法、代田法、垄作法、溲种法等精耕细作的技术也得到发明和应用；蚕桑及饲养家畜家禽技术也有了很大的发展。特别是二十四节气指导的农事制度的创立，对后世的农业发展影响重大。诺贝尔物理学奖获得者斯蒂文·温伯格在《第三次沉思》中对中国古代的二十四节气及其对日月运行的算法给予很高的评价，他认为二十四节气虽以气象物候之名，但其本质属于天文学上的太阳回归年，将其平均分为 24 份，以对应的物候记录了太阳的运行规律，科学地指导着农业生产，在唯象理论上已达到很高的水平。

此外，秦汉都设立了专门的掌管农业官员，促进了农业技术的研究和推广。秦王朝初设"治粟内史"。汉承秦制，继续设立"治粟内史"，同时增设"大农丞"十三人，各领一州。汉景帝时改"治粟内史"为大农令，汉武帝时又改称为大司农，被后代长期沿用。汉代特别鼓励各级官员，研究推广农业技术。汉武帝时期农学家赵过发明并推广了"代田法"，达到了"用力少而得谷多，民皆称便"的应用效果；汉成帝委派氾胜之以轻车使者的身份"督三辅种麦"，他大力推广代田法、区种法、溲种法等农业新技术。赵过、氾胜之等均是中国历史早期最杰出的农业技术发明和推广专家。据《晋书·食货志》记载："昔汉遣轻车使者氾胜之督三辅种麦，而关中遂穰"。在他们的努力下，使外来作物小麦（4 000多年前从中亚经新疆引入我国内地）很快在关中地区得到的普遍种植，有效地解决了春夏之交粮食供应青黄不接的问题，促进了乡村的稳定与繁荣。不仅如此，氾胜之还把当时丰富的农业生产经验编撰成《氾胜之书》，成为我国历史上现存最早的农学专著。该书提出并系统总结了"精耕细作之法"，一直被广大的我国北方农区长期沿用。汉朝还把推广农业新技术的成效作为政绩考核的重要内容，整个官僚阶层对农业技术的事情都很关心。如东汉的王景，在任庐州太守时，鉴于当时这里的百姓尚未采用牛耕铁犁技术，虽然土地不缺，但因人力有限，粮食常苦不足。他一方面大力推广牛耕铁犁，使大片土地得到开垦；另一方面，整修水利，教授饲养家蚕，使境内日益富庶起来。

东汉末期以后，社会出现了长时期（400多年）的战乱和动荡，这期间虽然也出现过一些杰出的农学家如北魏的贾思勰等，但总体上，农业科技的发展处于低潮。直到隋唐的统一，中国政治经济又逐渐强盛起来，特别是均田制的普遍实行，使唐朝前期的农业出现一片繁荣景象，社会分工有了进一步的加强，农业科技也跟着向前发展，到宋元时期又达到了一个新的发展高峰。传统农业的工具生产技术、水利工程建设技术、施肥改土技术、精细种养技术等都得到了充分发展和进一步的完善。这得益于宋元时期的活跃的商品经济和发达手工业的带动，在宋代知识分子、商人和手工业者都能够受到社会的充分尊重，人文科技发展的氛围较好，格物求理之风比较盛行。以数学测量、冶炼铸造、工程建设为基础的手工制造达到了相当高的水准，农具生产和水利工程营造技术突飞猛进，桥梁堤坝、陂塘沟洫等农田水利设施大量兴建，提水工具得到迅速发展和普及，发明了水转翻车、水转筒车、人踏牛拽的高转筒车等先进的提水技术装备。宋代科学家沈括在系统总结了以往修建圩田经验的基础上，提出了"圩田五说"，使圩田修建技术进入一个全盛的时期。南方地区双季稻和稻麦两熟的种植制度得到了较快的发展，由此带动了育秧、施肥、选种等多项技术的同步进步。引进和推广"占城稻"优良品种，发明了秧马、秧耙、耘爪等稻田农具，水田精耕细作的技术体系很快地建立起来。由于宋代灌钢冶炼技术的充分成熟，同时"炒钢方法"和农具锻造技术也有巨大的进步，钢刃熟铁农具得到快速发展和有效推广，提高了农具的坚韧和锋利程度，大大提高了耕作效率。这是继秦汉可锻铸铁农具推广以后农具质料上的又一次巨大的进步，且农具的专用化程度也有了很大的提高，很多农具得到了进一步的改进、完善和功能提升，这一时期农具种类增加很快，仅王祯农书中就记载了上百种之多。与此同时，施肥培土技术也得到了进一步发展，发明了"粪药"配制，开启了饼肥发酵，烧制"火粪"等新技术的应用，这时的肥料种类已扩大到 60 多种，较先前大为增加。由于棉花栽培技术的进步，使之一跃成为我国纤维的主要来源。

宋元时期也是农业技术广泛普及应用的新时代。宋太宗时期开创"农师制度"，这里的农师兼有教习农事和督促农民的双重职能，对农业生产技术的普及和提高无疑起到推动和促进作用。宋真宗景德三年（1006 年）发布了"地方官员兼任劝农使"的朝令，宋神宗天禧四年（1020 年）朝廷进一步下诏天下诸路提点刑狱使兼任劝农副使，并各赐给《农田敕》和《齐民要术》等指导性书籍，以便具体指导农业生产。"劝农使"制度的建立，是我国农业技术推广中的一项创举，它经历了从职责不甚专一的大农丞——轻车使者（不定期的农业推广者）——劝农使（兼有教习农事和督促农民的双重职能）的不断完善的过程。自从有了专职的劝农使，农业技术的推广工作就变得顺畅起来，朝廷重点抓，劝农使具体抓，其他社会力量协助抓，加速了农业技术的推广和普及，也反促了农业科技的创新。宋真宗大中祥符（公元1008—1016）推广"占城稻"活动就是非常成功的一例，占城稻原产于占城国（今属越南），以早熟、耐旱、高产而著称，适于在长江流域推广使用，也可与晚稻品种配合，发展双季稻。在朝廷的广泛动员和劝农使的辛勤努力下，推广工作力度大、效果好，使国家的稻谷生产能力大增。与之相适应的水稻栽培技术和稻田农具技术也跟着发展起来，南方稻作经济得到很快的繁荣。农技推广的社会氛围也空前高涨，北宋一代文豪苏东坡即便是被流放到黄州和岭南，也不忘推广农业新技术。为推广一种方便拔秧的秧马，他整整努力了近10年，使得该农器具在偏远地区也得到了推广，在提高农作效率的同时，也减轻了稻农的劳动强度。南宋陈旉不顾七十多岁高龄，写成了专门论述江南水田耕作的著作《陈旉农书》，对指导南方稻作生产影响很大。即使是在盛唐时期，可用的农书也不到70部（包括唐代以前传下的），而宋代的农书数量猛增到百部以上。第一部水稻专著《禾谱》，第一部柑橘分类专著《橘录》，第一部食用菌专著《菌谱》，第一部泡桐专著《桐谱》，第一部牡丹专著《越中牡丹花品》等，都是在宋代诞生的。后来元朝的王祯又进一步总结了南、北方农业技术的经验，写成集大成之作《农书》，成为后世农业科技知识传播和农技推广指导的重要工具。

元朝时期，一大批读书人专注于撰写农书，留下了宝贵的农学知识遗产。元朝的时间虽短，但出版的农书质量之高是前所未有。其中最著名是《农桑辑要》、王祯《农书》和《农桑衣食撮要》。《农桑辑要》组织了许多有识之士，汇聚了许多珍贵的资料和经验，专门用来指导黄河中下游地区的农业生产。王祯《农书》是一部大型综合性农书，书中的 306 幅农器图，是现存最早最全的农具图谱。《农桑衣食撮要》，以季节为顺序，记述全年各个时节的农业活动，也是一部优秀的农学著作。

明清时期，虽然一度也有经济和科技的发展，但由于多种原因，最终错过了迈入工业文明的机会，后期整个人文科技的发展环境变差，农业科技进步的步伐自然也就慢了下来。而与此同时，西方的科学技术快速兴起，后来居上，建立了完整的农业科学技术体系。但是，就整体而言，中国传统农业科技的发展一直没有停步，明清期间在大量引进域外品种，发展甘薯、玉米等高产作物方面的成就依然十分突出，还涌现出像徐光启那样的具有国际视野的农学家。

在漫长的中国历史上，"人多地少"的矛盾都十分突出，农业赡养人口的负担和资源负荷的压力都比较沉重，只能依靠精耕细作和发展农业科技去提高单位面积产量，这也是农业科技得以持续发展的不竭动力。正是靠着先辈们勤奋务实、开拓进取的创新精神，才使得我国农业科技始终保持着创新创造的活力，从而保证了中国古代农业科技源远流长。

二、中国古代农业科技的知识特点和研发特色

1. 中国古代农业科技的研发注重问题导向

中国古代农业科技从实践中来，到实践中去，善于总结和集成劳动人民的实践经验和创新智慧，构建出具有鲜明实践特色的农业知识体系，通过浩瀚的农书进行了有效的传承。中国古代的农业科技创新始终围绕着农业生产中存在的现实问题而展开，始终秉持求实、创新、

研以致用的精神。我们先辈们不怨天、不迷信、善于从实践中发现和提出问题；积极探索，勇于创新，善于通过不断地发明创造，巧妙而有效地解决各类生产难题，并在实践中不断深化对问题本源的认识，持续推进农业科技的进步。早在2 000多年前，先辈们就提出了关于农业科技的"十大问题"，其中涉及"土壤改良、农田水利、杂草防治、品种选用、高产和优质栽培"等农业发展中的突出矛盾和关键问题，具有很强的针对性和前瞻指导性。此后，我国一代又一代农业工作者们凭着勤劳的双手和聪明的头脑，围绕实践中出现的新问题，进行着不断的实践探索和创新创造。中国的古代农学家们，更是善于集中智慧，总结经验，在实践中不断挖掘人民群众中蕴藏的创新智慧，并在系统整理与旁征博引的基础上，使其不断地知识化、条理化，形成了具有中国特色的博大而又实用的农业科技知识体系。从对土壤特性和生物特性的认识，到精耕细作技术和生物品种的持续改进；从新型农具的大量创制，到农田水利工程的巧妙建造；从施肥技术的不断提高，到生态循环农业的伟大实践，无不彰显着中国农业科技的创新本色和实践特色。长期以来，土壤耕作能力的低下始终是制约我国农业高效发展的最关键问题。先辈们对改进和提高土壤耕作效率矢志不移，从刀耕火种到锄耕农业，再到犁耕农业，每一步进步都凝结着许多人的发明创造。特别是铁犁、耧车与耕牛的结合使用，不仅是中国古代农业耕作史上的一次重大的革命，对世界农业的进步也产生了深刻的影响，18世纪欧洲的农业革命就是在此基础上发展起来的。耕地效率的提升，同时也为以精耕细作为基础的中国农业科技的发展开辟了巨大的空间。接着便是围绕如何"保持土壤地力常新壮"和"保持作物种性优良和高产栽培"等问题开展研发，先辈们经过持续不断的创新探索和实践努力，使农作物的选种技术、田间耕作及施肥技术、农田灌溉技术、集约栽培技术等都得到了长足发展。在耕作上，从直辕犁到曲辕犁再到江东犁，耕地的质量不断提升；在农具材质上，从生铁到熟铁再到钢的使用，农具的效率不断提高；在施肥上，从人畜粪便的直接施用到通过堆制腐熟后施用，从火粪到粪药，肥料的范围不断扩大，施肥的技术也不断完善；在品种选育上，从混选留种到一穗传，从嫁接技术到杂种优势的利用，从而使我国生物资源保持着强劲的进化动力和丰富的多样性。正是这些技术的不断进步和完善，保证了我国传统农业的持续发展，也使得我国古代的农业科技长期保持着世界领先水平。

正是这种鲜明的问题导向和实践导向，中国古代农业科技的成果大多被转化为丰富的动植物品（物）种、高效的农艺方法、先进的农业工具和伟大的农水工程。中国古代的农业物种之丰富、农业工具之完善、水利工程之伟大是世界闻名的。同样，适于精耕细作和各种气候土壤条件下的技术方法也非常丰富，有适用旱作的区田法、代田法、垄作法、溲种法等，有适用于水田的烤田、耘田、育苗移栽技术以及鱼稻、稻鸭混养技术等。这些创新性成果大都产生或萌芽于劳动群众的实践中，后经更多的人使用、改进、丰富和完善，渐渐变成了被世人普遍接受的通用的技术方法、成熟的劳动工具或优异的生物材料，构成中国农业科技成果的主体骨架。当然通过上述的创新实践活动，也必然会深化人们对一些农业自然现象和问题属性的认识，于是就有了越来越多的农业知识积累，经由农学家们的记录和整理，得以传承下来。

农书是我国农业知识传播和传承的重要载体，它既是对古代农业科技创新成果的真实记录和系统总结，又不乏一些重要的创见和对后人的启示。中国古代的农学家如汉代的氾胜之、北魏的贾思勰、南宋的陈旉、元代王祯、明代的徐光启等，均是善于总结实践经验、吸纳群众创新智慧的高手。据记载，当氾胜之听说，有一老农葫芦种得好、长得大，就亲自跑去学习取经，总结出了"强化施肥"和"湿润灌溉"的技术经验。他们正是通过对丰富、多样的实践经验进行系统总结和提炼升华，才完成了《氾胜之书》《齐民要术》《陈旉农书》《王祯农书》《农政全书》等这样的伟大农学著作，书中所总结记录的农业科技发展的成就，无不是破解农业难题的有效方法，均闪耀着创新实践的伟大光辉。据统计，我国从古代传下来的农书共有 2 000 部之多，是我国古代农学知识的伟大宝库，保证着我国古代的农业科技知识的传承与发展。

2. 中国古代农业科技的研究强调整体性、系统性和辨证性

注重技术的综合效能和矛盾的平衡、协调和统一，坚持以人为本，重视农业生态保护和生物资源多样性保护。中国古代的农学家们历来是把农业作为有机整体来加以研究，注重农业系统中多因素的协调统一和辨证联系，多措并举，综合施策，全面推动农业科技的进步。我们祖先自古就崇尚"天人合一、万物并育"生态思想，信奉"相克相生、道法自然"的生态理念，践行"使之有度、用之有节"的俭约之风，讲究"顺天时、量地利、尽人力"的为农之道。积极探索种植与养殖互惠、用地与养地结合等高效的农业生态模式，实验推广"稻田养鱼、稻田养鸭"等"种养互惠"技术；实验推广"间作套种""麦豆轮作"等"作物互惠"技术；通过创新农业废弃物的循环利用，实现变废为宝，化害为利的多重生态效益。在水利工程的建设中，注意协调"畜与泄、疏与堵"的关系，发明了滚水坝、鱼鳞坝、竹笼卵石陡门等中国特色的水利设施。在土壤管理中，注重"水肥气"的协

调，"促与控"的统一，追求"锄头有水、锄头有火、锄头有粪"的多重效果。在作物栽培上注重协调个体与群体、枝叶与花果的平衡关系。在利用自然方面，提出"农业三宜"理论，重视"趣时、和土，务粪泽"的耕作原则。针对水面的利用，提出"浅种稻、深种藕、不深不浅种杞柳"的优化种植策略。尤其是通过发展轮作和广开肥源，大力开发积肥、堆肥和麦豆轮作技术，积极倡导绿肥技术等，促进了中国传统农业生产和生态体系的稳定，从而保障了中国传统农业的永续发展。美国原农业部土壤局局长富兰克林·H. 金认为："以中国为先导的东方农耕是世界上最优秀的农业，东方农民是勤劳智慧的生物学家，他们依靠秸秆粪便等有机垃圾广积肥料，依靠间作轮作种植豆类固氮作物等保持和维护地力，精心保护和高效利用土肥水等农业资源，使中国农业历久弥新，长盛不衰。"

在同农业病虫害的斗争中，更是把生态系统的观念和技术的综合效能灵活地应用到农业病虫害的防治实践中，形成一套行之有效的生态防治技术体系。例如，面对汹涌而来蝗害，他们采取了多种生态防控技术，首先在蝗虫易发、高发的低洼地上，排除积水，去除杂草，断其滋生条件；并在产卵期，用草木灰或生石灰对土壤进行处理，杀其卵、绝其后；再结合调整种植结构，多种一些蝗虫不喜好的作物；尽力保护捕食蝗虫的蛙类、鸟类等天敌生物；通过这样多重生态治理，使蝗虫危害降低到最低点。再比如，我国南方利用赤黄蚁，防治柑橘的食心虫害，这种以虫治虫的生态防治技术，往往能够达到成本低、效果好、无公害的防治目标。此外，我国民间也还流行着利用红蚂蚁防治甘蔗条螟和黄螟的做法。这些代价小而收效好的绿色生态技术是中国古代农业科技的一个鲜明特色，也是对生态农业发展的一大贡献。

3. 中国古代农业科技的研究具有很强的学习性、开放性和包容性，善于通过集成创新，引进、消化吸收再创新等，实现超越

我们祖先不光聪明勤劳，善于发明创造，同时还能虚心学习外国、外族的优秀物质文化成果，从中寻求可以帮助我们发展农业、解决现实技术难题的方案和方法，并努力使之改进和提高，实现本土化，力求做得更好、更优。4 000多年前小麦的引进，改变了我国北方的种植结构。经过氾胜之等一批农学家持续努力，最终使小麦在我国北方地区逐步推广开来，发展成我国的第二大作物。2 000多年前的汉朝，开通了丝绸之路，从此我国和西域各国物质文化交流日益频繁。一些农作物新品种被先后引入我国，如葡萄、石榴、苜蓿、菠菜、黄瓜、西蓝花、大蒜、香菜等，这些重要的瓜果蔬菜作物的引进，极大地丰富了中国人的餐桌，有些还通过栽培方法的改进，实现产量和质量的重大超越。黄瓜的栽培便是这样，它最早起源于古印度，在张骞出使西域后传入我国，引进之初，我们基本都是沿用原产地的栽培方法即裸露的匍匐栽培法，任其藤蔓满地生长，茎叶交错，相互遮挡，造成田间郁闭，影响通风透光，致使病害严重，产量低下。南北朝时期，就有人进行改进，在黄瓜苗的上方用竹竿或木棒搭起简易的支架，让茎叶顺着支架向上攀爬，结出的嫩黄瓜就依托在支架上，不仅有利于通风透光，减少病害，提高黄瓜的质量；也可增加栽培密度，更多更好地利用空间，提高单位面积产量，同时也方便了管理和采收。铁器引进，也是走出了一条引进、吸收、消化、再创新的路子。自西周以来，铁器和冶铁技术经中亚传入我国，我国人民借鉴铜器铸造的方法，发明了范铸法铸铁技术。春秋战国时期又针对铁制品含碳量高、缺乏韧性的缺点，发明了铸铁脱碳技术，促进了铁制农具的普及，这在世界

冶铁史上都具有里程碑的意义。交流和借鉴是双向的，来源于中国的农业物种、农业知识、农业技术和农业工具，为世界农业发展更是作出了突出的贡献。另外，古代中国农业科技发展也带动了其他科技的发展，中国古代的农、医、天、算四大科技，始终以农为首，中医强调医食同源，天文历法主要服务于农业生产，数学也因土地丈量分割、税负摊派和农产品交易而逐步发展起来。

正是由于明确的问题导向，大众的创新实践，卓越的创造发明，不断地学习超越和持续总结传承，才使得中国古代的农业科技长期走在世界的前列。然而到了近代，随着工业革命的兴起，人类知识形态产生了革命性变化，传统经验形态的知识显露出了明显的不足，以普遍公式和系统推理的演绎体系成为新知识（原理形态的知识）发展的主导，即现代性的学科化和原理化的知识形态逐步占据了主流。由于中国近代封建统治的腐朽没落和闭关锁国，国家饱受外敌侵略，人民处于灾难深重的水深火热之中，农业科技发展受到了迟滞，且与世界近代科学的发展失之交臂。以至于我们经验形态的技艺没能顺利地转化为理论形态的科学知识，这不能不说是中国近代科技发展史上的一大遗憾。

在农耕文明的自然经济时代，我们的"经验形态"的知识无疑是先进的、实用的，指导传统的农业生产也是有效的。但只依赖感官所能够触及的层次上去把握世界，所能获得的只是基于人们生活所及的境遇之中的知识。这种知识对指导现代农业的发展有许多局限：一是经验形态的知识既然是经验的、特殊的，因此必须依靠特殊的生活和实践活动的经历来获得，而基于感觉经验的知识往往是零星的、分散的，传播缓慢，人们往往要穷其一生才能学门手艺或技艺，知识的增长必须靠岁月的积累来发展。二是基于特殊生活境遇的体验必然表现为普遍性不足，缺少严格的量度标准，无法做到标准化和系统化；知识的发展也不具有规模化和聚集化效应。

欧洲的工业革命打开了人们知识的新境界，实现了知识形态的革命，现代性的学科化和原理式的知识形态迅速成为科学发展的主导。"原理形态的知识"并不是反经验的，而是对经验的理论概括和系统升华，这种知识形态打破或超出了特殊生活境遇的限制，让观念与世界的同一性扩展到不同境遇下的事物。在这种形态的知识体系下，无论北方还是南方的物体都要服从同样的力学原理，无论是什么绿色植物都符合同样的光合作用原理，从而推动了现代农业科技的巨大发展。

中华人民共和国的成立，中国人民推翻了压在自己头上的三座大山，实现了民族的独立和人民的解放，为先进生产力的发展扫清了障碍，加快了向现代科学技术进军的步伐。我们靠着祖先留下的勤劳务实、大胆实践、开放学习、勇于探索和创新的精神和几千年农业文明的知识积累，扬长避短，奋力走向世界农业科技发展的前沿，努力实现新的超越。

第二篇

中国古代选种育种科技创新发展的成就与启示

中国古代不仅把许多野生的动植物驯化和培育成为家养动物与栽培植物，而且还通过改良营养条件、人工选择、杂交育种等创新实践，培育了大量的农业动植物优良品种，满足和丰富了不同地域人们的生产和生活需求，为世界农业的发展和繁荣作出了不可磨灭的贡献。

一、中国古代驯化动植物的巨大成就

（一）作物的驯化与栽培

中国是世界栽培植物重要的起源地之一。起源于中国的禾谷类作物有粟、黍、水稻等；豆类作物有大豆等；蔬菜作物有白菜、萝卜等；果茶类有桃、杏、李、梨、柑橘、荔枝、茶树等。人们把野生植物培养成栽培植物的过程称之为驯化，通过驯化将野生植物的自然繁殖过程变为人工控制下的栽培过程。野生植物在被驯化前，长期的自然选择和环境适应所形成的野生习性，不一定符合人类的期望目标和栽培要求，比如野生水稻为自身的生存需要，一般呈匍匐或半匍匐生长，以避免被台风折断；其种子颖壳通常有很长的芒，且成熟时易落粒，并有一定的休眠期，以减少被鸟类侵食的危险，尽可能在野外恶劣的环境下保证世代的延续和更多的生存机会。而人类为方便田间管理和实现较多的收获，必须对其的易落粒性和匍匐性生长的习性进行改造，并选择穗大粒多的单株留种，尽可能满足其生长发育所必需的环境条件（如肥水的需求等），通过不断人工选择和对栽培条件的适应，促使其遗传性向着人类需求的方向改变，并努力满足不同生态条件和不同人群偏好等多方面的需要，于是新品种就开始大量形成。从某种程度上说，农业发展的历史就是生物驯化和品种改良的历史。作为一个农业文明古国，我国农作物的种类之多，品种之多，是世所罕见的。我国已经收集整理到的水稻地方品种有 40 000 个之多，粟的品种也多达 15 000 多个。这都是我国各地经过无数世代的"存优汰劣"的留种、选种和育种过程中创造出来的。根据考古发掘的资料，早在 6 000 多年前，中国水稻已出现了籼稻和粳稻亚种的分化，籼稻比较耐高温，适合我国南方稻区栽培；粳稻比较耐低温，适合我国北方稻区栽培。《诗经·大雅·生民》中已经有了"诞降嘉种、维秬维秠"的记载，所谓的"秬"即是一种黑黍，"秠"是一种白黍，都是当时（周代）流行的"嘉种"。《诗经·鲁颂·宫》中也还有"黍稷重穋，稙稚菽麦"的描述，其所谓"重""穋""稙""稚"，系指晚熟、早熟和早播、晚播的品种类型。当时的鲁国人已经知道了"顺时种之，则收常倍"的道理。

汉代以后，人们更加重视选种育种，并根据不同的气候条件和农业生产特点选用合适本地的品种。北魏农书《齐民要术》中就已经收录介绍了 97 个粟的品种、36 个水稻品种（其中糯稻 11 个）、12 个黍品种和 8 个小麦品种等。并按照"成熟有早晚，收实有多少，质性有强弱，米味有美恶，粒实有息耗"的标准进行分类评价，这说明我国古代劳动人民对农作物品种的认识已经达到了相当高的程度。

（二）动物的驯化与饲养

中国也是最早饲养猪、家蚕等的国家之一，中国各地的优良家畜家禽种类之多，品种资源之丰富，受到全世界的高度重视。早在 5 000 多年前，中国就有了"马、牛、羊、鸡、犬、豕"等"六畜"的概念。以猪为例，中国驯化和饲养猪的历史可追溯到母系氏族社会时期，距今 8 000 年的河北武安磁山遗址就出土了家猪的骨骼和猪头塑像；浙江河姆渡遗址也发现了 6 900 年前的猪下颚骨和陶制猪的模型，这些陶塑形态上已属于家猪的类型，獠牙已经明显退化。有证据表明，商周时期就有了猪的舍饲，相传商朝的韦家，能够根据猪在家养条件下发生的变异，从外形特征上选择符合饲养要求的后代供繁殖使用。到了汉代，猪的选育和饲养经验和技术已相当成熟，并开始把人的厕所建在猪圈之上，实现了粪便的生态循环管理。从华南和华北一些地方汉墓出土的青瓦猪外形来看，当时的猪种已具许多优良品质。贾思勰所著的《齐民要术》则集中介绍了当时选育猪种的技术，指出"母猪取短喙无柔毛者良，喙长则牙多，一厢三牙以上则不烦畜，为难肥故；有柔毛者焰治难净也"。在历代劳动人民的精心选育下，中国各地曾培育出不少优良的猪种。据明代李时珍《本草纲目》中记载："生青、兖、徐、淮者耳大；生燕、冀者皮厚；生梁、雍者足短；生辽东者头白；生豫州者喙短；生江南者耳小，谓之江猪；生岭南者白而极肥。"从中可以看出我国猪的品种类型之丰富，据统计，我国现存的优良地方猪种多达 120 个之多，占世界优良猪种的 1/3 以上。

中国是世界上最早养蚕缫丝的国家。从出土的蚕茧和丝织品来看，在山西省夏县西阴村新石器时代的遗址中就曾发现了经人工切割过的半个茧壳，茧长15.2毫米，幅宽7.1毫米；在浙江省湖州钱山漾遗址发现距今5 200多年的绢片、丝线和丝带，经鉴定均为家蚕丝。另外，在黄河流域的磁山、裴李岗以及仰韶文化各期遗址中，曾不止一次地出土了纺轮和骨针等原始纺织工具。半坡遗址出土有大量陶制、石制的纺轮，轮径26~70毫米，孔径7.5~12毫米，厚度4~20毫米，重16~66克，表明那时的半坡人已经大致掌握不同粗细的纺线纺织技术。长江以南的河姆渡文化、马家浜文化和良渚文化等遗址中都出土了纺轮。河姆渡遗址且已有了当时最为先进的踞织机。可见在5 000年前，我国的原始居民已经掌握了养蚕缫丝技术，是世界上最早发明养蚕和丝织的国家。

二、中国古代人工选种和育种技术及对
生物遗传规律的认识

自从驯化作物开始，我国人工选种、育种工作便没有停止过。并在技术上不断进行创新，有些技术至今仍在被广泛应用着。最早在《诗经·大雅·生民》中就有"种之黄茂"的记载，大意是说：要保证农作物的丰产，首先要选用色泽光亮的饱满种子去种植栽培。我国西汉时期的《氾胜之书》更是把"取麦种，候熟可获，择穗大强者"作为选种的具体标准，通过"选优汰劣"进行选种留种。北魏农书《齐民要术》更是要求："粟、黍、穄、粱、秫，常岁岁别收，选好穗色纯者，劁刈高悬之。至春，治取别种，以拟明年种子。"这说明当时的人们不仅十分重视选种工作，而且还建立了专门的种子田，把选出

来的纯色好种，单独种植在种子田里，单收、单存，避免与其他种子混杂。同时还强调了加强种子田的管理，"尝须加锄"，使肥力常壮常新。这其实就是"混合选择法"的先导。到了清代，又发展出"一穗传"的单穗选择法（比法国科学家维尔莫林在1856年开始在甜菜上的单株选种要早100多年）。根据《康熙几暇格物编》记载，开始有人在一个叫做"乌喇"地方（今吉林省永吉县境内）发现"忽生白粟一科"，取是穗，单收单种，"生生不已，遂盈亩顷，味既甘美，性复柔和"。康熙皇帝在获得这种白粟良种后，遂命人在自己的山庄里进行观察比较实验，果然其茎、叶、穗都比寻常种都要大一些，而且成熟较早，这种单株（单穗）选种的成功，对康熙启发很大。他由此推断说："想上古之各种嘉谷或先天而后有者，概如此。"后来，他又亲自应用这种单株选择法，成功地选育出一种早熟高产的水稻品种，取名曰"御稻"。据记载，康熙在一次乡村巡行中，"忽见一棵高出众稻之上"的金黄色稻穗，田中的其他稻子还处在"谷穗方疑"的灌浆之中，这株稻的子实却已"坚好"。为了弄清这种早熟丰产性是否能遗传下去，康熙命人便把这株稻的种子单独收下来，第二年在田里单独播种，并和原始的稻子进行比较，证明这种早熟丰产的性状的确是可以遗传的，"从此生生不已，岁取千百"。与当地品种相比，"御稻"每亩平均可多收一石三斗①左右，增产效果十分明显。

　　不管是"一穗传"还是"混合选择法"，都要求在良好的种植条件下进行精细的人工挑选，单存单种，并和原始品种进行比较，以确保选择的进度与效果。由此也不难看出，我国古代劳动人民非常重视品种的增产作用，并创造了一套行之有效的"选种留种育种"的方

---

　　① "石"和"斗"均为古代重量单位，10斗为1石。

法，充分发挥了人工选择之效用。以至于进化论的创立者、19世纪英国伟大的生物学家达尔文在《物种起源》的巨著中感叹道："如果以为选择原理是近代的发现，那就未免和事实相差太远……在一部古代的中国百科全书中，已经有关于选择原理的明确记述。"可以十分肯定地说：中国古代的人工选种技术在世界上是居于领先地位的。

与此同时，在生产和选种的实践中，我国先哲们对生物性状的遗传规律也有了一些初步的认识。战国时代的伟大著作《吕氏春秋·用民》篇就指出："夫种麦而得麦，种稷而得稷，人不怪也。"这里说的就是物种遗传特性的稳定性。东汉的王充（公元27—104年）就生物性状的遗传描述道："龟生龟，龙生龙。形、色、大小不异于前也，见之父，察其子孙，何谓不可知？"他还在《论衡·奇怪篇》中进一步解释道："物生自类本种""且夫含血之类，相与为牝牡，牝牡之会，皆见同类之物""天地之间，异类之物，相与交接，未之有也"。王充不仅认为各种生物都能稳定地将本种的特征性状通过双亲传给它们的后代，而且还强调了"本种"的概念，把在自然条件下能不能互相自由交配而产生可育的后代作为"本种"的重要前提。王充还进一步指出："草木生于实核，出土为栽蘖稍生茎叶，成为长短巨细皆由实核"，认为各种生物性状的遗传是通过实核（即种子）传递的。明代思想家王廷相（公元1474—1544年）在《慎言·道体篇》中指出："人有人之种，物有物之种。草木有草木之种，各个具足，不相凌犯，不相假借。"进一步肯定了物种的稳定性和特异性。那么物种为什么具有这种稳定性呢？他解释说："万物巨细刚柔各异其才，声色臭味各殊其性，阅千古而不变者，气种之有定也。"更为难能可贵的是，他针对性状遗传过程中出现的"人不肖其父，则肖其母。数世之后，必有与祖同其体貌者"的现象，提出"气种之复其本"的观念。首先他认为生物里存在着一种叫作"气种"的可遗传物质，这种物质在不同物种间是特异的，在遗传的过程中虽然有时被遮盖而不能完全表现出来，但也不会被"混杂"而消失，数代之后还会重新出现。事实上这种"气种说"同1864年孟德尔提出的"遗传因子说"以及1892年魏斯曼提出的"种质说"都有一些相通之处，已经接近了遗传物质的本质属性。

在对生物遗传的稳定性和特异性不断认识的同时，对生物性状变异的规律，也有了一些感悟。菊花和牡丹自古都是中国最盛行的花卉，栽培历史较长，地域分布广泛，变异比较丰富，只要人们从中坚持细心选择，总会不断地选出一些变异体，新品种就会陆续形成。我国的先哲们把群体中出现的自然变异和对变异的不断选择看成是品种生成的主要原因。明代夏之臣在《评亳州牡丹》中就曾指出："牡丹其种类异者，其种子之忽变者也。"他认为正是通过对"忽变者"进行人工选择，才形成了如此丰富的牡丹品种。早在400多年前的明代，夏之臣就有了"忽变"之说，这与20世纪初荷兰植物学家德·弗里斯所创立的"突变"学说，有异曲同工之妙。事实上，我国不仅很早就了解了突变现象，还知道"突变"是可以诱导产生的。据文献记载，我国早在宋代的宣和年间（公元1119—1125）就有了用丹药处理牡丹的根部，以诱发花色的改变的事例（古代丹药中的重金属制剂可以诱导染色体的畸变——作者注）。这比缪莱（Muller）的X射线诱变育种要早上几百年。

三、中国古代的杂交育种技术及杂种优势的利用

早在2 000多年前的春秋时期，我国就有了杂交育种技术和杂种

优势利用的记载。将母马和公驴进行杂交生产骡子过程就是利用远缘杂种优势的典型范例。《齐民要术》记载："所生骡者，形容壮大，尔复胜马。"说的就是骡子的超亲优势（体力大，适应性强等）。明代百科全书《天工开物》中详细记载了杭州嘉湖地区蚕农在家蚕上的"杂交制种"的工作。他们将"吐黄丝的雌蚕"与"吐白丝的雄蚕"杂交，或是将雄性的"早种蚕"与雌性的"晚种蚕"杂交，其后代都表现出一定的超亲优势。宋应星描述说："凡茧色唯黄白两种。川、陕、晋、豫有黄无白，嘉湖有白无黄。若将白雄配黄雌，则其嗣变成褐茧""今寒家有将早雄配晚雌者，幻出嘉种，此一异也"。这里的"幻出嘉种"，即是培育出优良蚕种的意思。这说明，当时已经开展了两组家蚕的杂交工作，并培育出适于杭嘉湖一带蚕区的"嘉种"，开创了家蚕人工杂交育种和杂种优势利用的先例，这是我国古代蚕业史上的一个伟大创举，也是对世界家蚕杂交育种工作的一个重大贡献。此外，清代《金鱼图谱》一书中曾对杂交亲本的选择提出了"咬子时雄鱼须择佳品，与雌鱼色类大小相称"的具体要求，旨在提高杂交育种的成功率。正是通过恰当的亲本选配，我国培育出了许多珍稀的金鱼品种，传引到世界各地，影响甚大。对此，达尔文曾对此给予了很高的评价。

四、中国古代植物嫁接技术的发明

许多亲缘关系较远的植物（如属间、科间等），虽不能通过有性杂交进行遗传改良，但智慧的中国劳动人民创造了远缘植物的"嫁接法"，依然能实现一定程度上的"互利互惠"。所谓远缘"嫁接法"一般是指其种间、属间乃至科间等亲缘关系较远的植物之间的相互嫁接以实现一些物质上的交流和互惠。早在汉代《氾胜之书》中就有了嫁接法的文字记载。《齐民要术》对嫁接效果有了更为详细的描述，指出："桑、梨大恶；枣、石榴上插得者，为上梨，虽治十，收得一、二也。"也就是说用桑树作砧木嫁接的梨树，其果实品质很不好。而在枣和石榴上嫁接的梨树，其果实品质优良，但嫁接成活率较低，嫁接十株，只能成活一两株。更多果树嫁接的记载则见于宋代的《格物粗谈》，枣和葡萄嫁接，"其藤穿过枣树，则实味更美""柿上接桃，则为金桃，味甘色黄"。该书还记载了蔬菜嫁接的例子，具体描述了葫芦与苋菜嫁接的做法，指出："种细腰葫芦一棵，傍种金红大苋菜几棵，待葫芦牵藤时，将葫芦梗上皮刮破些须，再将苋菜梗上亦刮破些须，两梗合为一处，以麻叶裹之，不可摇动，结时俱是红葫芦，甚妙。"确实通过一些远缘物种之间的嫁接，提升了品质和观赏价值。同时，嫁接技术也随之不断完善，有了身接、根接、皮接、枝接、靥接和搭接等多种嫁接方法的问世。另外，通过嫁接方法去创造珍奇的观赏花卉也有不少成功应用。中国古代在楝、冬青树上嫁接梅花所产生的墨梅，在观赏园艺中具有很高的价值（因为墨色的花朵在自然界中十分罕见）。在椿树上嫁接牡丹所形成的"楼子牡丹"、在鸡冠花上嫁接葫芦所产生的"红葫芦"等都别具特色，令人耳目一新。中国劳动人民凭着无限的创造灵感，丰富美化着自己的生活，为植物改良作出了突出的贡献。

五、中国古代选种育种研究留给我们的启示

中国人民从遥远的古代开始，就一直在不断探索生物选种、育种的新方法，驯化了多种具有重要生产和生活价值的农业生物，创造了丰富多彩的种质资源。他们除了重视对自然变异的高效人工选择，还试图人为创造和扩大变异来源，开创了诱变育种、品种间的杂交育种

和种间杂种优势利用的新方法新手段，甚至还创造了"嫁接法"以实现远缘作物间（科、属间）的物质交流和互利互惠，最大限度地实现了作物的改良创优。这种不断探索发明、大胆实践、开拓进取的创新精神值得我们永远继承、发扬光大。同时也应该看到，先辈们对实用性的技术发明和创造非常热心，孜孜以求，但对其背后科学原理和科学规律的探究却重视不够，同时也漠视了科学实验的重要作用，没能依靠严谨的实验分析、理性的逻辑证明和高度的抽象概括建立起科学的遗传学概念，因此也就失去"从经验形态知识向科学形态知识的转化"的宝贵机会，最终也限制了技术的进一步深化。造成这种现象的原因是多方面的。但最主要的原因可能是中国古代长期的封建官僚制度的严重阻碍，多数文人士大夫们对农业问题不甚了解，更谈不上去关心农业技术；而真正了解关心和从事农业的人，又多没有受过很好的文化教育，或因某种原因被社会轻视和冷落，这种文化和科技、理论与实践、产业与人才的脱节，限制了农业科学研究的深度发展。宋应星的《天工开物》写成后，因"与功名进取毫不相关"而遭冷落；李时珍科举屡试不中，于是就潜心从事药草植物研究，但他历经艰辛写成的《本草纲目》无人问津，甚至都不能公开刊印发行。研究中国科技史的专家李约瑟认为：在中国古代社会"似乎只能例外地发现某一重要工程师在工部任高级职务。这可能是由于真正的工作总是由文盲半文盲的匠人手工艺人去做，最大的发明家大多来自平民匠师手工艺者，他们从来不是官员，甚至连文人也不是——有时甚至找不到这类人的姓名。"可见当时所谓的上层社会对科技发明创造的淡漠。

今天，我们已经进入了科教兴国、人才强国的崭新时代，建设农业强国对农业科技提出了新目标、新要求，我们需要认真回顾和总结过去，以史为鉴，继往开来。

第三篇

中国古代改土施肥科技创新发展的成就与启示

土地是人类赖以生存和发展的基础。早在远古时期，我国先民们就通过对居住地点的选择、野果的采集、食草动物的捕猎等活动，对土壤的特性有了一些基本的认识。进入农业社会以后，随着作物种植实践的丰富和发展，人们开始对不同的土壤进行了较为系统的观察和比较，不断加深了对各类土壤特性的认识，并开始了有意识的土壤改良和耕作管理，发明了多种农家肥和合理施肥的技术，保证了传统农业的永续发展和不断进步。

一、中国古代对土壤与作物栽培关系的认识

我国先民们很早就对土壤的性质与作物栽培的关系有了比较深入的了解。《管子·地员》是我国古代最早论述土壤耕作特性的重要文献。它首次阐明了土壤与作物栽培的关系。指出：渎田（泛指能进行灌溉的田地）主要有息土、赤垆、黄塘、斥埴、黑埴5种类型。由于其土质的不同，地势及水环境的不同，因而它们适宜种植的作物也就

不同。息土、赤垆是上等土壤，"五种（五谷）无不宜"；黄塘是一种黄色的盐碱土，"无宜也，唯宜黍、秫也"，即是说这种土壤只能种些黍、秫等早熟的作物；斥埴，是一种黏性较大的盐碱土，只"宜大菽（即豆）与麦"；黑埴，是一种黑色的黏土，也含有盐卤成分，只"宜稻麦"。丘陵高地，也被按其地势高低、土壤结构和含水量的情况划分成 15 种不同类型，并具体描述了其土壤特性差异与作物种植的关系。最难能可贵的是，在当时交通和信息都很闭塞的情况下，居然能对"九州之土"，按土壤的颜色、质地、有机质、盐碱性、肥沃程度及其对作物的适应性等，分为上、中、下三个大的等级（参见《禹贡》和《管子》等），每个大的等级又都细分为 6 种不同类型。最好的叫粟土，这种土"淖而不胁，刚而不觳，不泞车轮，不污手足"，适合于多种作物的生长；其次是沃土，它的特性是"剽怠橐土，虫多穴处""干而不斥，湛而不泽"，这种土壤水肥条件较好，有利于土壤动物（蚯蚓）和植物的生长；比沃土差一点的叫"位土"，其性状是"不塥不灰"，不易板结；比位土又差一些的叫隐土，这种土"黑土黑落，青怵以肥，芬（粉）然若灰"，比较疏松易粉，虽不如前述的土壤好，但还算比较肥沃。而壤土又比隐土差了一些，浮土又差一些，但总体上都属于上等土壤。中等土壤也分 6 种，怘土、垆土、壏土属中等偏上一些的土壤；而剽土、沙土，塥土则属于中等偏下一些的土壤。下等土壤也有 6 种，其中犹土、弦土、殖土（即黏土）虽属贫瘠之土，不耐旱涝，但尤可种植；而觳土、凫土、桀土就更差了一些。凫土"坚而不骼"，桀土"甚咸以苦"，需经过改良和培肥才能进行农作物的种植。这说明我国早在 2 500 多年以前就已经对土壤的耕作特性、肥力情况及对农作物的适应有了十分深刻的认识，并开始了细化和分类的研究，为农作物的合理种植提供了基本的指导。这种通过观察、比较、区别和分类的研究实践是十分难能可贵的。

成书于战国时期的《吕氏春秋》的《辩土》《任地》《审时》《上农》四篇则就整地、用地、改土、耕作、保墒、除草等方面的土地改良利用问题，提出了系统性指导意见。比如针对影响土壤耕作各因素的协调，就提出"凡耕之大方：力者欲柔，柔者欲力；息者欲劳，劳者欲息；棘者欲肥，肥者欲棘；急者欲缓，缓者欲急；湿者欲燥，燥者欲湿"的意见，即是要调节好土壤的力、柔、息、劳、棘、肥、急、缓、湿、燥等诸多矛盾，使土壤变得适于耕作。对坚硬的土地要使它松软，松软的土地要使它坚实；休耕过的土地要安排种植，连作过的土地要安排休耕；贫瘠的土地要增加肥力，施肥过多的土地要适当控制，以防植物疯长而减产；过湿的土壤容易变得板结和通气不良，要进行排水、松土；干燥的土壤又要及时灌溉，调节墒情。只有保持土壤的肥力和耕性特性良好，才能保证作物的增产。又比如针对于垆土的利用，书中明确指出："凡耕之道，必始於垆，为其寡泽而後枯。"大意是说：耕种土地要掌握合理的先后顺序，对于垆土，因为其土壤水分损失较快，适耕期短，只有抢墒耕种，方能发挥其最大的作物种植效益。

二、中国古代农家肥的发明与施肥技术的进步

远古时期，中国的先民们是靠"刀耕火种"来进行土地种植的，也就是先将拟开垦土地上的杂木枯藤等一并砍倒，然后焚烧成灰，借以进行土地的整理，然后掘穴点播或直接撒播，完成种植工作。该方法虽然原始，但却适应了当时生产力低下的现实，"焚草木而种之"一方面方便了田间作业；另一方面草木灰也能改良和熟化土壤，使土

壤肥力得到一定程度的提升。但一般种植一两季作物后，肥力就很快衰竭，又需要开辟或更换一块新的土地。直到"粪田法"的发明，这种撂荒耕作的方式才逐渐被废除，人们可以通过施肥来补充或增加土壤肥力，大大提高了土地的利用率。我国实行农田施肥大约始于殷商之前，因为殷墟的甲骨文中就已经有了"粪田"的文字记载和通过施肥增产的卜辞。相传伊尹"教民粪种"，到了战国时期，荀子已经把"多粪肥田，是农夫众庶之事也"作为一种常态化的农事活动了。韩非子也肯定的说："积力于田畴，必且粪灌"。这些都说明我国采用"粪肥肥田的方法"至少是 2 000 多年以前的事。

据考证，早在春秋时期，我国就已经将人粪尿、家养动物的粪尿、草木灰等作为肥料使用。战国时期又出现了杂肥的沤制，即利用夏季的高温把污泥、杂草等通过沤制作为肥料使用。或是将人畜粪便、农作物秸秆、酒糟、生活垃圾等有机废物经过堆制腐解制成堆肥使用。

秦汉时期又发展出厩肥，开始是在牛圈和猪圈里铺垫枯草谷糠等，经过牲畜的踏踩使粪尿土草充分混合，实现积肥增益。同时也有利于保持棚圈的清洁与干燥、减少异味，俗称"踏肥"。汉代还流行着把厕所与猪圈连在一起，实行粪肥的一体化管理与利用。据后来《齐民要术》杂说中记述："凡人家秋收治田后，场上所有草、谷等，并须收贮一处，每日布牛脚下，三寸厚，每平旦收聚堆积之，还依前布之，经宿即堆聚，计经冬一具牛，踏成三十车。"可见当时这种"踏粪法"已经流行乡里。当然，踏粪技术也在实践中不断改进与扩展。垫圈材料突破了农作物秸秆谷糠的局限，还包括青草、杂土、草木灰、作物根须等，踏粪的动物则由原先的牛和猪，扩展至羊、马、鸡、狗等，积肥的时间也从原来的冬季延展到全年，甚至积肥的场所也突破了圈舍的空间范围。

魏晋时期，发明了种植和使用绿肥的方法。晋代的《广志》中就有了"使用苕子作绿肥"记载，后来绿肥使用范围也不断拓展。贾思勰在《齐民要术》中就比较了几种绿肥的使用效果，指出："凡美田之法，绿豆为上；小豆、胡麻次之。悉皆五六月中穊糞懿反种。七月八月，犁稀杀之。为春谷田，则亩收十石；其美与蚕矢熟粪同。"大意是说：要使地变肥，最好的方法，是先种绿豆；其次种小豆和芝麻。要在五六月，密密撒播。七八月，犁地，翻入土里肥田。这样的田用来种春谷，一亩可以收到十石，和蚕粪或腐熟的人粪尿无异。明代《沈氏农书》中还介绍了"窖花草"的沤肥法，即是将紫云英或蚕豆茎叶等用河泥均匀搅拌，堆积沤制后施用，又被称为"窖草塘泥"。使用这些具有固氮作用的绿肥，对改良土壤的耕作特性，提高土壤肥力意义十分重大。

宋元时期又开发了无机肥和饼肥作为新的肥源，并开始了"粪药"的研制。尝试用石灰、铁粉、硫黄、钟乳粉等无机物用于一些特殊的土壤或园艺作物的肥料补充。王祯《农书》中指出："下田水冷，亦有用石灰为粪，则土暖而苗易发。"陈旉《农书》中也提到"撒石灰渥漉泥中，以去虫螟之害"的做法。据《分门琐碎录·农艺门》记载："皂荚树不结，凿一大孔，入生铁三五斤，封之，当年开花结子。"又说到："凿果树，纳少钟乳粉，则子多且美。"这是使用铁肥和钙肥，促进果实生长的最早例证。《格物粗谈》也谈到："茄秧根上掰开，嵌硫黄一皂子大，以泥培种，结子倍多。"这是硫肥促进结实的确切记载。至于饼肥的利用则更为广泛，开始是把油料的种子榨油以后剩下的残渣饼粕作为肥料使用，后来又使用豆饼、菜子饼、麻子饼、棉子饼、花生饼、桐子饼、茶子饼等肥田，饼肥具有重量轻、肥效高的优点，特别适于花瓜蔬菜等园艺作物，是一项具有重大意义的发明。

到了明清时期，农家肥的队伍已十分庞大，有粪肥 10 种，饼肥 11 种，渣肥 12 种，骨肥 5 种，土肥 5 种，泥肥 7 种，灰肥 3 种，绿肥 24 种，秸秆杂肥 40 余种。

正是这些农家肥的发明和使用，保证着中国农业的可持续发展。正如元朝王祯在《王祯农书·粪壤篇》中所指出的那样，农家肥可以"变薄田为良田，化硗土为肥土"，使"地力常新壮而收获不减"，这些随处可得的"扫除之猥，腐朽之物，人视之而轻忽，田得之为膏润"。书中还列举了农家肥的五大好处：一是肥效长久；二能改善土壤结构；三是成本低廉；四是肥源充足；五可减少环境污染。这些见解，对当今发展生态农业，仍具有重要的现实意义。以至于美国著名的土地专家富兰克林·H. 金对中国的农家肥发明赞不绝口，称中国农民是"勤劳智慧的生物学家"。

当然，农家肥的施用也是要讲究方法和技巧的。王祯在《粪壤篇》中就明确指出："土壤虽异，治得其宜，皆可利植。"提出要合理利用不同的农家肥，甚至将它们配合起来使用，实现优势互补。不同种类的农家肥各有其作用特点和适用范围，只有用其所长、配合得当方能发挥最大的效益。比如使用绿肥和石灰改良盐碱土效果就十分显著。需要指出的是，施用农家肥也不是越多越好，土壤过肥对作物收成反倒无益。南宋陈旉在《陈旉农书》中指出："黑壤之地信美矣，然肥沃之过，或苗茂而实不坚，当取生新之土以解利之，即疏爽得宜也"。徐光启在论述木棉施肥之时就建议木棉每亩用粪不能超过十石，多用则徒增枝叶而对增产无益。尤其是未经腐熟的所谓的"生粪"，多施更是无益，反倒造成"瓮腐芽叶"的不良效果。当然，即便是使用经过积制、腐熟的所谓"熟粪"，也要因时、因地、因作物种类酌情适量施用。总之，中国古代的农学家很早就注意到了因地施肥、平衡施肥和高效施肥的问题，并尝试研制"复合肥"，起初是用缸将各种人畜粪和不同的动植物材料相融合，进而发酵浓缩，形成多样化的粪丹。徐光启在《农书草稿》中还专门介绍三种粪丹的制作方法。较之以前的熟粪法（或火粪法），粪丹技术更注重肥料的复合和高效。比如在熟化的粪肥中加入石硇等发展起来的"谷粪药法"，就兼具肥田和防治病虫害双重功效。粪丹或粪药不光增加了肥料的复合度，更是向着多功能的方向发展。这种高效、多功能复合肥的发展理念，在当时无疑是十分超前的。

三、中国古代对"土壤肥力与作物营养"的理论思考

我国古代不但高度重视施肥改土的实践活动，同样也十分重视对土壤肥力与作物营养的理论思考，我国古代的农学家或思想家很早就把"气论学说"运用到土壤研究中，把土壤视作与人一样具有气脉的活体。早期的经典著作《管子》与《吕氏春秋》中均有这方面的认识。东汉思想家王充同样坚定认为："基上草生，地气自出者也""凡田土种三五年，其力已乏""气衰则生物不遂"。他把土地生产力下降的原因归结为"气"的衰竭。农学家氾胜之、贾思勰等更是"地气"学说的拥护者，他们进一步指出"地气"在温暖的春、夏季上升而在寒冷的秋冬季下沉，"地气"旺盛是植物生长的前提，一切植物都是藉由"地气"而生长的。明代科学家宋应星在《天工开物》中也把粪肥发挥作用的机理猜测为一种类似气体挥发的过程，他认为："田有粪肥，土脉发烧……亩土肥泽连发。"他认为"粪气"是一种极易挥发的物质，在常态环境下或经过风吹日晒，就会慢慢挥发掉。南宋农学

家陈旉早就注意到"粪露星月，亦不肥矣"，并特别指出，经过雨水的冲刷粪肥，已"散其壮猛之气"，因而他倡导施用粪肥后必须用土覆盖，才能保证"粪气"不会泄漏。针对桑树施肥，他提醒道：要"掘开树脚四面土方浇，俟粪浸入，又必用土盖好，使肥气不走"；如果"粪气泄而不聚"，则不能保证桑树的营养需求。另外，清人陈开沚认为，粪气的运行与发挥还要凭借着水气运化，"水气所到之处，即粪力所到之处"，所以他认为最好是把水与粪混合施用后，覆以新土而和之。

清代理学家杨屾则认为：土地中存在一种"膏油"的物质，演化成土地的"气"，是植物生长中养分的来源，地气的衰竭实际上是因为土地里的"膏油"被植物所耗尽。他认为："日阳晒地，膏油渐溢于土面，是谓土之生气，故能发育万物。若接年频产，则膏油不继而生气衰微，生物之性自不能遂"，并认为"惟沃以粪而滋其肥，斯膏油有助而生气复盛，万物发育，地力常新矣。"

也有一些学者从阴阳论的角度阐述"地力衰退"原因，明代农学家马一龙就是从阴阳的视角来论述土壤与农作物的生长，他认为"阳"决定着植物的发生与繁茂，"阴"则主导作物的敛息与枯萎，而"阳含土中，运而不息；阴乘其外，谨毙而不出"。因此，他认为引起土地连续耕种生产力下降的原因是土里的阳气泄漏于外，导致土里的阳气不足以支持作物的生长，只有通过施肥来补充土地的阳气，恢复其生产能力。

不少学者利用中医的理论来解释土壤营养与施肥的问题。杨屾试图借用中医学中"余气"的概念来解释土壤"养分"的流失，提出"粪壤之类甚多，要皆余气相培。即如人食谷、肉、菜、果，采其五行生气，依类添补于身；所有不尽余气，化粪而出，沃之田间，渐滋禾苗，同类相求，仍培禾身，自能强大壮盛。"他认为土壤中的地气被生长于其上的农作物吸收，人通过食用谷、菜、果等植物或依赖植物为食物的家养、野生动物的肉食来添补自身的气，而使得人能够自身存活，粮食、果实与禽畜肉类中没被人吸收的那部分来自于地的余气，则化为粪便而排出体外，只有把粪便肥田，才能返还给土地一部分损耗的余气。陈旉甚至还提出施肥如同开方治病一样的"粪药"理论，认为在施肥时"皆相视其土之性类，以所宜粪而粪之，斯得其理矣。俚谚谓之粪药，以言用粪犹用药也"。基于此种理念，他还提出施肥需要遵循的几个原则：首先，施肥时要注意土壤内部阴、阳二气的平衡，虽然"生物之功，全在于阳"，通过施肥来"蓄阳"是保持地力之根本，但亦不能忽视补阴，倘若一味"蓄阳"而使得阴气不断减弱且不加济助，则农作物便"难以形坚"。马一龙把医学中"金元四大家"之一的朱震亨提出的滋阴理论用在施肥改土中，他在其农书中写道："天地之间，阳常有余，阴常不足，故医家补阴至论，后世本之，然扶阳抑阴，古圣之言，言不师古，子不以为妄乎?"他对一味只顾多施粪肥来补充土地阳气却忽略养阴的做法进行了批评，认为这样做会导致"其苗勃然兴之矣，其后徒有美颖而无实粟"。徐光启则主张把肥性温和的河泥作为调和土壤的"甘草"使用，即用生泥壅肥田，起到"和合淳熟"之作用，有利于棉花的丰产。

农学家们还对各种牲畜粪便的冷热性进行了一般性区分，有人认为"马牛驼羊之粪性暖，以之粪北方寒土，合宜之至"；有人认为"牛粪性质寒冷，俗谓之冷粪，不如马粪之易于发酵……故只宜择轻松温暖之田圃施放"；有人主张对一些热性粪肥进行腐熟发酵处理，可以减轻其过热的危害，针对牛粪因"性冷"不宜单独在冷浸田使用的问题，建议把它与热性的人粪一起堆制后使用，以达到中性平和。

　　明代农学家马一龙曾借用了"滋化源"这一医学术语来说明施用基肥道理，强调在种植庄稼之前就要先施底肥，以滋源固本，从根本上保证地力的肥壮。明代思想家袁黄认为"垫底之粪在土下，根得之而愈深；接力之粪在土上，根见之而反上。故善稼者皆于耕时下粪，种后不复下也。大都用粪者，要使化土，不徒滋苗。化土则用粪于先，而使瘠者以肥，滋苗则用粪于后，徒使苗枝畅茂而实不繁"。清代农学家杨屾也认为早布粪壤可以使粪气在田地里得到滋化，这样粪气就能与土气相合，给农作物的生长提供一个"胎肥"的摇篮。杨屾还有针对肥性的不同，提出了"施肥三宜"原则，即施肥要讲究"时宜、土宜、物宜"的准则，时宜就是根据季节的寒热不同，施用相应的肥料，春天宜施用人粪与牲畜粪便等粪肥，夏季宜用草粪、泥粪等，秋天适合施用暖土的火粪，冬季宜用骨蛤粪与皮毛粪等来祛除土地的寒气；土宜就是指各种类型的田地、土壤由于气派不一、美恶不同，所以要如同中医学中的"对症下药"那样，对不同的土地辩证地施用不同种类的肥料，阴湿的田地适宜用火粪，黄壤则宜用渣粪，沙土宜用草粪与泥粪，水田宜用毛皮蹄角及骨蛤粪，高燥之处的田地宜用猪粪来壅，盐碱地则宜先行改良，再可用粪，否则会导致白晕加重，庄稼不能正常生长；物宜即是根据种植农作物种类的物性不同来使用肥料，稻田宜使用骨蛤蹄角粪与皮毛粪之类，麦田与粟田宜用黑豆粪和苗粪，蔬菜瓜果等园圃田适合用大粪与榨油剩下的油渣饼肥来大力培壅。以上这些关于土壤肥力与作物施肥的理论见解，虽然总体上属于感性的和比较模糊的概说，但在实践中还是发挥了一定的指导作用。

四、中国古代施肥改土研究留给我们的启示

中国古代高度重视施肥改土技术，早在 2 000 多年前就把全国的主要土壤按其自然属性和作物适宜性进行了调查区别和细化分类，并首创了粪肥肥田技术，不断地进行新型农家肥的开发和施肥技术上的创新，从粪肥的直接利用，到沤肥、厩肥、堆肥的发明；从绿肥的开发，到饼肥的使用；从熟粪法、火粪法，到粪丹、粪药的研制，从单一农家肥的使用，到多功能农家肥的配合和复合。我国劳动人民勤于实践，大胆实践；锐意创新，不断创新；从来没有停止过技术进步的脚步，远远走在了西方世界的前边，对农业的生态保护和可持续发展作出了伟大的历史贡献。在进行肥料开发和施肥技术创新的同时，关于"土壤肥力和作物营养"的理论的思考也从来没有停止过，运用中国传统的关于"气"的学说和"阴阳""寒热"等的中医理论，提出了"地气""粪气"和"膏油"的见解以及"肥水一体运化"的观点，对农家肥的"寒热"属性进行了区别，对土壤肥力下降的原因、粪肥恢复地力的缘由、各种肥料作用的机制等也都进行了大胆的猜测，其中有些解释具有一定的合理性。特别是提出了许多针对性的施肥指导意见（如施肥三宜，基肥深施等），在实践中起到了积极的作用和深远的影响。但由于整体上缺乏科学思想的指导，导致其许多认知和观点都是模糊、含混和不确定的，有些还具有超感性的特点。加之又没能进行严谨的实验分析和科学求证，因而既没有弄清楚"植物的矿质营养需求"，也没弄清"土壤微生物的存在及其作用"，与现代的"土壤肥料与植物营养"科学失之交臂。由于科学理论的欠缺，技术实践的深度和广度也必然受到一定的局限，没有对土壤营养和土壤微

生物的深刻认识，没有化学和生物科学的指导，也就自然做不出化学肥料和微生物肥料。客观地说，古代中国人对应用技术研究和创新有着足够灵感和热情，也不乏超凡的想象力，只可惜没能通过科学实验、分析和总结，把经验型知识转化为科学理论。尽管对一些问题也做出了大胆想象和合理推测，比如关于形成肥力的"肥（粪）气"和"膏油"的假说等，但由于没有严格的实验证据和有力的科学证明，最终只能成为模糊的泛泛之言。如果能够借助科学实验的力量，一层一层深入分析和研究下去，也许能够发现"氨气"和"腐殖质"的存在及土壤微生物的作用，最终揭示出土壤肥力的物质基础。事实上早在宋代，劳动人民就知道，在一些情况下少量施用铁粉和硫黄有利于提高结实率和果实品质。试想如果能进行一些植物水培实验、解剖和染色实验、定性和定量分析等，也许能够发现植物营养的科学奥秘。尽管我国古代的农学家十分注意学习和吸收前人的经验和智慧，遍览群书，博采众长；还注意走访有经验的农民群众，亲自参加生产实践，从中学习和总结农民群众的好经验、好做法，但对科学研究来说，仅仅做好这些是不够的。

西汉农学家氾胜之曾记述一位瓜农的经验。说是"先掘地作坑。方圆，深各三尺。用蚕沙与土相和，令中半；若无蚕沙，生牛粪亦得。著坑中，足蹑令坚。以水沃之，候水尽，即下瓠子十颗，复以前粪覆之。既生，长二尺余，便抱聚十茎一处，以布缠之，五寸许，复用泥泥之。不过数日，缠处便合为一茎。留强者，余悉格去。引蔓结子，子外之条，亦掐去之，勿令蔓延。留子法：初生二三子，不佳，去之；取第四、五、六。区留三子即足。"其大意是，首先要挖一个直径三尺、深三尺的土坑，坑内上足粪；把粪和土搅匀，再浇上水；等肥水渗下去后，种上十颗饱满种子。待十条葫芦苗蔓长到两尺多长，用布把它们扎在一起，外封泥土；过些天后，待幼茎愈合为一体时，把其中的九条葫芦蔓的顶端摘掉，只留下最粗的一枝，这样，众多根系吸上来的养料和水分就都供给这一颗葫芦了。等结出小葫芦来，要把前边两三个新结的小葫芦全部掐掉，因为这时根、茎、叶还没完全长好，以后再结的葫芦可以保留三个左右，因为这时的根、茎、叶已足够强壮了，能提供充足的水分和肥力，使葫芦长得又鲜又大。从上述事例可以看出，中国古代的劳动人民，是很具想象力和创造力的。

第四篇

中国古代农具与耕作科技创新发展的成就与启示

农具是农业生产力发展水平的重要体现。在原始农业的初期，中国的先民们实行的是刀耕火种。首先要开垦荒芜的土地，除去其上的野草和杂木，斧子和刀是必需的。古人一方面试着寻找坚硬而又锋利的材料，另一方面还要摸索着进行适当的加工（切割、打磨等），使其变成一定形状和大小的合用工具，最终形成原始农具。从我国古代出土的早期农具来看，以石斧和石刀居多。相比较木、骨、蚌等材料，从硬度和重量来看，石质农具显然更适合于砍伐工作。尽管如此，对于较为粗大的树木，石刀石斧也是无济于事的，于是他们发明了环剥树皮的技术，使其枯死后以火焚之。就这样先民们十分艰难地把土地整理出来，接着就开展播种工作，他们或直接撒播，或用尖头的木棒（即"耒"的雏形）掘土穴播。"耒"就这样被发明出来，后来又在耒的尖端上加装"耜头"（形状与铲子类似），于是就变成了"耒耜"，成为新石器时代旱作农业的主要掘（翻）土工具。在我国古代神话中，就有神农氏"制耒耜、种五谷"的传说。《易经·系辞下》中说："包牺氏没，神农氏作。斫木为耜，揉木为耒，耒耜之利，以教天下，盖取诸益。"从而开启了我国农耕文明的新纪元。

《夏小正》在谈到农业备耕时说，正月"农纬厥耒""初岁祭耒"。也就是说，春耕前要准备好"耒"，并作一番检查，显然"耒"是夏朝的重要耕播工具。从商代甲骨文字形演化上看，当时应该是既有单尖的耒，又有双尖的耒，还可以在耒上加脚踏横木，以借助脚踏的力量踏耒入土。安阳殷墟不少窖穴壁上都留有双齿耒的痕迹。江西新干"大洋洲遗址"中还发现了商代青铜耒的实物。所有这些都说明，在商代，"耒"的使用已相当普遍。《周礼·考工记》详细地介绍了"耒"使用方法："坚地欲直庛，柔地欲句庛，直庛则利推，句庛则利发。""直耒"用于坚硬地的锥刺，"曲耒"用于较松地的翻土。到了西周时期，人们普遍在"耒"的尖端安装上能提高耕地效率的"耜"头，因此《诗经》中才有"耜"字的反复出现，如"有略其耜，俶载南亩""畟畟良耜，俶载南亩""以我覃耜，俶载南亩"等诗句，"畟畟""覃"都是用来形容"耜"的锋利。事实上，青铜制成的"耜"在周代以前已经出现；但从当时生产力发展的整体水平来看，西周时期的"耜头"应该多以石制或木制为主。耒耜的柄是木制的，可以是直的，也可以稍有弯曲。人们手握耜柄，足踏耜冠，耜冠刺入土中，拉动耜柄，翻起一块土垡，向后退一步，依次而耕之。耒耜耕作之法可以减轻一些劳动强度并在效率上有所提高。土地整理完成后，随之便是播种，以撒播为主。待庄稼成熟，就要开展收获，于是镰刀就被发明出来，早期尤以石镰和蚌镰居多。在从种到收的农业循环中，整地依然是最辛苦的工作，也是农业的最大限制因素。因此，农具改良的方向始终以提高挖掘和翻土效率为主。人们根据土壤的坚硬程度，发明了"钁"和"锸"，"钁"是一种形似镐的刨土农具，上端方方且厚重，下端扁扁且锐利，特别是顶端横装直柄以后，便于通过抡臂借势用力，有利于土壤的深度挖掘和翻刨；而"锸"是一种类似于锹的农具，属直插式翻土工具，便于通过脚踏垂直用力，适宜于较松软土地的深耕。随着中耕与浅耕的需要，"锄"也被发明，它是在"镬"基础上的演化，是一种长柄农具，其头部刀身平薄，锄头与长柄成一锐角，适合于地表的铲掘工作，多用于中耕、除草、疏松植株周围的土壤。新石器晚期的农具仍以木、石、骨、蚌为主，但金属农具已经出现，并开始显现其光明前景。

牛耕犁的出现是土壤耕作史和农业工具发展史上的一次重大革命。"犁"是由粗头和锄头演变而来，在人们开始尝试使用畜力耕作时，把其前端斫为尖刃状，并做成一定的曲度，再加上一根"拖杆"作为犁辕，于是就有了犁的大致雏形，后经不断改进，才有了我们今天能看到的"犁"。早在战国时期，北方一些地区就已开始使用牛拉的铁制耕犁，汉代时牛耕铁犁已经十分普及。但汉代的犁多是长直辕犁，转弯还不够灵活，起土费力，效率不是很高。后又经改进，东汉以后北方农村牛耕犁田的技术已经基本成熟。与此同时，汉代还发明了三脚耧车，一次同时播种三行，大大提高了播种效率。中耕除草也成了基本的农事操作，在此基础上代田法和区田法也得到了大力推广。代田法是垄作法的进步，能显著提高土地利用效率。区田法又是在代田法基础上发展起来的一种适用于北方旱作地区园田化集约耕作的方法。即是通过在小面积土地上集中使用人力物力，精耕细作，来提高单位面积产量。总之，犁耕耧播技术已成为汉代最基本的农作方式。从甘肃嘉峪关出土的魏晋时期的墓葬壁画中，又看到畜力挽拉"耙耱"的画图。至此北方地区的犁、耙、耱、耧、锄等农业工具已基本齐全。南方稻田耕作工具，稍稍落后于北方旱作。据《后汉书·王景传》载：王景"迁庐江（今安徽舒城）太守。先是，百姓不知牛耕，致地力有余而食常不足。景乃驱率吏民，修起芜废，教用犁耕，由是垦辟倍多，境内丰给"，从这段记载可以看出，南方牛耕技术应该是在东汉以后才逐渐地发展起来。唐代初期为适应南方水田的特点发明了曲辕犁，又称江东犁。根据唐朝人陆龟蒙的《耒耜经》记载，曲辕犁由11块用木头或金属制作的部件组成，其优点是操作时犁身可以摆动，富有机动性，便于深耕，且轻巧柔便，利于回旋，适应了江南地区水田面积小的特点。为降低稻农的劳动强度，还相继发明出秧马、秧弹、耘爪等稻作工具，提高了水田耕作效能。宋元时期，全国的农具的质量（尤其是材质质量）都有了较大的提升，犁、镰、锄等重要农具的金属部件已广泛使用锻制的熟铁，刃部大都加了钢。农具更加精细化、专业化，种类扩大到100种之多（参见《王祯农书·农器图谱》），农业生产效率有了很大的提高。

有人把中国土壤耕作的进步，概括为刀耕、锄耕、犁耕三个不同的阶段，但究其实质来说，是农业工具的演化和进步带来的土壤耕作效率提高。当然其他农业环节的工具作用也不容小觑，如用于播种的耧，用于收割的镰刀，用于脱粒和粉碎的碾子，用于去粒的连枷等。

除了上述农业工具之外，提水灌溉的工具对于农业的发展也是十分重要。在河北藁城台西的一处商代水井中，发现了一只扁圆形的木桶，这是我国发现的最早的木制提水工具。从《周易·井卦》中所描述的情况看，商周时期提取井水的工具是以瓶瓮等陶器为主，结实耐用的木桶出现是一个不小的进步。魏晋南北朝以前，我国井灌提水工具主要有桔槔和辘轳两种。桔槔在春秋时代甚至更早就已经出现，其工作原理就是在一根竖立的架子上挂一根长杠杆，末端悬挂一个重物，前端悬挂水桶。当人把水桶放入水中打满水以后，由于杠杆末端的重力作用，便能轻松地把水提拉至所需处。这种汲水工具虽然简单，却大大减轻了人们的劳动强度。辘轳的使用大约在汉代的早期。不少汉代遗址中均出土了辘轳的图像或模型，其工作原理是在井上固定木架，中间穿过一根横轴，轴上安装绞轮并缠绕绳索，绳索一端拴住水桶垂于井下盛水，一端为固定手摇柄。取水时，转动绞轮上手柄，将水提上来。它克服了"桔槔绠短而汲浅"的不足，在深井提水中得到了比较广泛的应用。

东汉时期，毕岚发明了翻车和渴乌。翻车又名龙骨水车，是中国古代对链条传动技术的最早应用。它是由手柄、曲轴、齿轮链板、水槽等部件组成。其工作原理是由木板制成长槽，槽中放置数十块与木槽等宽的刮水板。刮水板之间由铰链依次连接，首尾衔接成环状。木槽上下两端各有一带齿木轴。转动上轴，带动刮水板循环运转，同时将板间的水自下而上带出。翻车的应用可使提水灌溉的效率大大提高。至于渴乌，则是利用虹吸原理制作的取水工具。使用一段由竹子或铜制成的曲管，在存在一定高度落差时，利用虹吸效应将水跨过一个高度引到另一边，既省力、又方便。

三国时期的马钧对翻车作了进一步的改进。隋唐时期由于南方水田的快速扩张，龙骨水车的应用更加普及，并发展成手转、足转、牛转等多种类型，特别是增加了必要的传动装置，实现了由人力提水向畜力和水力提水的历史性转变，大大解放了生产力。

一般的龙骨水车主要用于平原和低丘地区，在崖高河深之处，龙骨水车往往难以奏效，于是就有了筒车和立井式（斗式）水车的创制。筒车是由立式水轮、竹筒、支撑架及水槽等组成。其工作原理是在水流急湍处建一水轮，水轮底部没入水中，顶部超出河岸，轮上绑置的竹筒，竹筒临流取水并随水轮转至轮顶后，将水自动倒入木槽，再流入田间。王祯《农书》中记载的高转筒车，是筒车与翻车相结合的一种装置，用"人踏或牛拽转上轮"，而盛满河水的竹筒便循次而上，将水倾于岸上。唐代还创制了另一种新的井灌工具——斗式水车。关于水车的结构，据《太平广记》记载：水车以多个水斗连成环链状，链环装置在井上架的立齿轮间，用人力或畜力挽拽立轮旋转，链环上的木斗则连续不断地提取井水。这种水车又叫作"龙骨木斗"。宋代还发明了一种取水灌溉农具，用竹篾、藤条等编成致密的戽斗，其形状像斗，两边有绳，由两人面对面的拉绳牵斗取水。在水位落差不大的地方，既可用于排水，也可用于灌溉，应用起来十分方便。

整体上看，中国农具的演进和耕作技术的进步，是由生产实践的强大需求拉动的。在农具的材料上，经历了从木器、石器，到青铜器，最后发展成铁器的不断进步；在动力上，也经历了由单纯的人力，到畜力、水力、风力的多重应用；在技术上由简单原始到复杂精密，发明了杠杆、滑轮、轮轴、链条、曲杆、虹吸管等器械，成功地运用了杠杆技术、链条传动技术、滑轮和轮轴传动技术、虹吸技术等，从而保证了农业工具的技术进步，留下宝贵的物质文化遗产。虽然这其中经验的成分居多，没能建立起系统的机械工程学科体系，对力学和材料学原理也缺乏深入揭示和归纳总结，更多的表现为实践创新、技术创新和器物创新等，但我们仍然为那些精巧绝伦的发明而自豪，为那些聪明智慧和富有创造精神的能工巧匠而自豪。

第五篇
中国古代农业病虫害防治科技的成就与启示

　　农作物病虫害是古代农业生产中的一大难题，我国劳动人民在发展农业的过程中，一直没有停止过与病虫害作斗争，并在实践中不断创立、发展和完善了病虫害的防治技术。勤劳智慧的中国劳动人民从农业实践中逐渐认识到：农业病虫害的发生和发展是有规律可循的自然现象，人们在病虫害面前不是无能为力的，而是可以进行积极干预和防控，把损失降低。正如《荀子》指出的那样："大天而思之，孰与物畜而制之"。宋应星在《天工开物·稻灾》中进一步指出："崇在种内，反怨鬼神"岂不是自甘无为？事实使人们逐渐认识到：只有通过积极的防控，才能把灾害降到最低。于是，"嘉草攻之""莽草薰之""蜃炭攻之""焚牡菊以灰洒之"等尝试不断涌现，特别是要通过"固本强体"，营造有利于作物而不利于病虫的生态环境。正是在这种思想的指导下，经过劳动人民长期的实践和探索，才形成了我国独具特色的农业病虫害防治的技术体系。

一、农业害虫的防治

我国认识农业害虫的历史，可以上溯到商代，殷商时期的甲骨文中就已经有了关于农业害虫的记载。到了周朝关于农业虫害的描述就多了起来。《诗经》中曾经提到了蟊、螟、蟊、螣、贼等多种虫名，从"蟊贼蟊疾，靡有夷届"（《大雅·瞻卬》）、"降此蟊贼，稼穑卒痒"（《大雅·桑柔》）、"天降罪罟，蟊贼内讧"（《伏雅·召旻》）等诗句来看，当时农业害虫造成的危害是相当严重的。《毛传》中说："食心曰螟，食叶曰螣，食根曰蟊，食节曰贼"，表明当时的人们，对害虫掠食庄稼的特点已有了一些基本的认识。据《周礼·秋官》中记载，当时已有了专管负责治虫的官员；而《管子·度地》更是把"除虫"列为当时国家的五项急务之一。可见我国很早就开始了农业害虫的防治工作，保卫自己的劳动成果免受害虫的侵吞。《诗经·小雅·大田》中说："去其螟螣，及其蟊贼，无害我田稚，田祖有神，秉畀炎火"。所谓"秉畀炎火"就是利用害虫的趋光性用火诱而杀之。对古代农业危害最大的莫过于蝗虫，它一直是农业生产的大敌，其繁殖力惊人，能迁飞，食量大，危害极为严重。唐人戴叔伦《屯田词》描述道："麦苗渐长天苦晴，土干确确锄不得。新禾未熟飞蝗至，青苗食尽馀枯茎。"宋人张耒在《田家》中写道："旱蝗千里秋田净，野秫萧萧八月天"。在明代于谦的《荒村》中更能看到："村落甚荒凉，年年苦旱蝗"的凄惨情景，足见蝗虫在各个历史时期都对农业生产造成了极大的破坏。早在汉代人们对蝗虫的迁飞规律已有了些了解，提出了"沟坎除蝗法"的防治措施。据王充《论衡·顺鼓篇》所载："蝗虫时至，或飞或集。所集之地，谷草枯索。吏卒部民，堑道作坎，榜驱内於堑坎，杷蝗积聚以千斛数。""溲种法"，即用马骨、蚕矢、附子等熬制的混合物处理种子，据说也能起到"令稼不蝗虫"的作用。唐朝"姚崇治蝗"的行动，更是鼓舞了人们战胜蝗虫的信心。开元初年，山东、河北、河南等粮食主产区爆发了严重蝗灾，对粮食生产造成极大的威胁。当时的宰相姚崇勇敢地站了出来，提出"群防群治"的策略，积极组织各地千方百计地灭蝗。他在调查研究的基础上，提出了"夜火坑埋"的灭蝗主张，并派出御史担任捕蝗使，分道指挥山东等地的除蝗工作，并将灭蝗成效作为考核各级政府官员政绩的标准，从而调动了各地灭蝗救灾的积极性，使来势汹汹的蝗灾很快得到了有效遏制。"姚崇治蝗"也成了我国古代灾害治理的成功典范。使人们再次看到：人在自然灾害面前不是无能为力的，病虫害也是可以防治的。然而真正认识蝗虫发生发展的规律，并建立起有效防治的技术体系，是从明代的徐光启开始的。徐光启为了治理危害农业生产的蝗灾，几乎查遍了史料上一百余次蝗灾发生发展的记载。经过细心归纳，他首先发现蝗灾发生时间都在农历4—9月，特别是7—8月出现的概率最高。这时正是各种庄稼生长茂盛和开花结实的季节，能很快酿成大灾。从爆发的区域规律看，黄河下游为多发区，以"幽涿以南，长淮以北，青兖以西，梁宋以东"的地区较为频发，尤以因干旱少雨而干涸的湖泊地域的危害最为严重。在掌握了蝗灾发生的时间和地点规律后，他又着手调查蝗虫的生活习性，指出："蝗初生如粟米，数日旋大如蝇，能跳跃群行，是名为蝻。又数日即群飞，是名为蝗。……又数日，孕子于地矣。"总结出蝗虫从发生、泛滥至消亡的过程。针对蝗虫发生发展的规律，他提出从虫卵期开始灭蝗的策略，彻底消灭蝗虫滋生的环境，割除低洼积水处的水草，以清除蝗虫产卵场所，尽可能将蝗虫消灭于萌芽状态。一旦发现有漏网虫卵形成，就要通过对土壤撒草木灰等进一步处理，阻止虫卵孵化成幼虫，再有漏网者可进行挖沟扑杀和毒物诱杀。通过这样的早期防治、层层截杀，一般都能够取得比较理想的防治效果。不仅如此，他还提出调整种植结构，多种蝗虫不食用的芋、桑、豌豆、绿豆、大麻、芝麻等农作物，进行生态防治。这是我国历史上第一次关于蝗虫防治的系统研究和科学防控的技术方案，对后代的防虫治虫工作影响极大。

二、农业病害的防治

与虫害相比，人类对植物病害的认识留下的文献资料要少得多。公元前 239 年编撰的《吕氏春秋》中曾有过把小麦黑粉病描述为"鬼麦"，这可能是关于植物病害最早的文字记载。在以后很长的时间里，人们对植物病害的认识也仅局限于零散描述与个别记载。比较明晰的病例当属北魏贾思勰在《齐民要术·种麻篇》中的记述，他提出了"麻，欲得良田，不用故墟"的观点，并进一步解释说，大麻连作会有"点叶夭折之患"。所谓"点叶"，可能就是今天所说的"炭疽病"或"叶斑病"，所谓"夭折"，可能是今天所说所的"立枯病"之类的病害。虽然关于病症的描述太简略了一些，但也不失为对植物病害的一次比较明确的认识。而植物病害概念的初步形成可能是在南宋时期，南宋韩彦直在其《橘录》（成书于公元 1178 年）中首次对病害与虫害提出了明确的区分，过去我们对植物病害概念是含混的，甚至把病害与虫害混为一谈。当然，这并没有影响到我国在病虫害"统防统治"方面的技术进步。正因为此，我国在病虫害防治的方法和策略上，比较注重综合性的农业措施，走的是一条积极防控、综合防控和绿色防控之路。

三、中国古代农业病虫害防控的技术特色

一是注重采取"固本强体"的农业措施，努力营造有利于农作物生长发育而不利于病虫害发生发展的田间条件。我们的先辈们很早就发现了"病虫害发生与气候和栽培条件"的关系，提出了一些"顺天时、量地利""固本强体"的农业措施。《吕氏春秋·审时篇》说："得时之麻……不蝗，得时之菽……不虫，得时之麦……不蚼蛆"。宋代《陈旉农书·善其根苗篇》指出："先治其根苗以善其本，本不善而末善者鲜矣。欲根苗壮好，在夫种之以时，择地得宜，用粪得理，三者皆得，又从而勤顾省修治，俾无旱干、水潦、虫兽之害，则尽善矣。"强调通过适时播种、择地用粪来固本壮苗，以抵御病虫灾害。明代徐光启在《农政全书》中专门讨论了"播种期与棉花病害"的关系。《马首农言》更是认为"五谷病"（如"立僵""霉""老谷穗"等）等，都与不良的栽培条件与栽培方式有关，可以通过采取有效的农业措施，从而达到规避和减轻病虫危害之目的。所有的农业措施，都要从种子或品种的选用开始，正所谓"好种出好苗"，选择抗病抗虫作物和品种是古代最重要的农业措施之一。贾思勰在《齐民要术》中记载的"免虫"品种（实际上可能是"避虫品种"），在特定的地区使用这些品种可以起到"规避虫害"的作用。清代方观承在其编撰的《棉花图》中指出："种选青黑核，冬月收而曝之，清明后淘取坚实者，沃以沸汤，俟其泠，和以柴灰种之。"他提出通过"选种、晒种、沸种和拌种"等技术措施，来催芽壮苗，以防治棉花早期的病虫害。事实上，早在西汉时期氾胜之提出的"溲种法"，就使用一些具有驱虫消毒作用的中药草处理种子，来预防地下害虫；后来北魏时期

的《齐民要术》又提到了用热水浸种稻谷以预防苗期病害的方法。这显然比西方19世纪才开始使用的"温汤浸种"之法要早得很多。

农业防治措施的主体是田间耕作。贾思勰首先注意到：麻类连作会使病虫害逐年加重的事实。提出通过轮作换茬，定期更换不同的农作物，以阻断麻类病虫的延续。《沈氏农书》在谈到"种芋"时指出，年年换新地能少其病虫害的发生。我国民间也流传着"倒茬换种，消灭害虫"的农谚，反映了人们对"轮作换茬在防治农业病虫害中作用"的认可。各种作物互相搭配种植的"间作"或"混作"也是病虫防治的策略之一。战国初年，李悝就提出了"必杂五种，以备灾害"的观点，肯定了"间作或混作"在防虫防病等自然灾害中的作用。《种树书》中记载种柳树时"于根下先种大蒜一枚，即不生虫"。《农桑经·农经》中也提到："蜚地种芥、种麻，则虫自无"；又说："豆地宜夹麻子，麻能避虫"。

通过深耕、中耕、耙地等灭茬除草的耕作处理，再结合施用石灰、草木灰等土壤处理，也可以阻断或减轻病虫危害。《吕氏春秋·任地》中提到的"五耕五耨，必审以尽，其深殖之度，阴土必得，大草不生，又无螟蜮"，就是通过土壤耕作治草治虫的范例。我国流行的"一户不秋耕，万户遭虫殃""霜降到立冬，翻地冻虫虫"的农谚，正是对通过土壤耕作防虫治虫的经验总结。《种艺必用》认为，及时的中耕除草可以防治"蠹耗"，这里所谓的"蠹耗"，即泛指病虫的危害。《氾胜之书》曾把"早锄""勤锄"作为农田耕作的重要措施之一，认为通过中耕可以疏松土地、协同水肥、消灭杂草，减少田间郁闭和病虫滋生。《沈氏农书》更进一步地指出：杂草是病虫越冬和生息的重要场所，强调冬季灭茬和铲除草根对防病除虫的作用，这和农谚中"若要来年病虫少，冬天除尽田中草"的说法是基本一致的。

通过间苗、整枝、打叉、棚架栽培等措施，也能减少田间荫蔽，改善通风透光条件，进而减轻病虫危害，提高作物的产量和品质。果树的整枝、棉花的打权都是古代常规的农作技术，棚架栽培更是中国古代的一大发明。据《齐民要术》记述，黄瓜最初从国外引进时是匍匐式栽培的，我国瓜农为减少病害，增加土地空间利用，发明了棚架式立体栽培模式，从而提高了黄瓜的产量品质和栽培效率。

用农业措施防治病虫危害，具有成本低、易操作、可持续、无毒副作用的优点，是中国对世界农业的一大贡献。

二是巧妙地采取捕杀、驱离和毒杀等防控措施，避免病虫害的大规模流行。公元前3世纪时《吕氏春秋·不屈》就提到："蝗螟，农夫得而杀之"，捕杀时间多选在早上晨露未干时（这时虫子的翅膀潮湿难以迁飞）进行。北魏《齐民要术》中介绍了在冬季用"火燎法"去杀灭附着于果树枝干上的虫卵、虫蛹和病斑等，能起到减轻春季病虫害的作用。唐代《酉阳杂俎》中也有人工钩杀蛀蚀果树的天牛类害虫的记载。《橘录》中介绍了用杉木做成木钉堵塞虫眼的方法。这些方法看似简单，但也能够收到不错的效果。另外，直接去除或焚烧被病虫严重侵染的植株，也能起到减缓传播之作用，"农家如见到麦穗之中生有黑粉，急宜拔去烧之，不使黑粉飞散，然后可免此害"（参见清代陈启谦的《农话》）。

药物的消杀或驱离在我国古代病虫害的防治中也很常用。我们的祖先早在春秋战国时期就知道应用石灰和草木灰等防治病虫害。成书于汉末的《名医别录》中就已经有了"矾石，杀百虫"的记载，用硫黄防治植物病虫也很常用。民间还流行砒剂杀虫的做法，据《天工开物》介绍，用"砒霜拌种或蘸稻秧根"防治地下害虫的效果就很不错。《齐民要术·种瓜》还系统地介绍了防治"瓜笼"（一种由病虫危害造成的畸形植株）的经验，指出"先以水净淘瓜子，以盐和之"，待播种成苗后，"且起，露未解，以杖举瓜蔓，散灰于根下。后一两日，复以土培其根，则迥无虫矣"。实践证明：先用盐渍浸种促苗，后撒柴灰于苗之根下，既能防治"瓜笼"，也有利于瓜的生长。此外，用艾蒿等驱虫的方法也十分普遍，人们常将麦种贮藏在用艾蒿茎秆编成的篓子里，或用艾蒿熏蒸等方法防治粮食生虫。我国很早就知道菊花茎叶中含有杀虫物质，成书于两千多年前的《周礼》中就有"焚牡菊以灰洒之"的防虫记述，这可能是古代中国最早的绿色"农药"吧。事实上，关于药物防治，古人利用的药物范围非常广泛，有植物性的，如嘉草、莽草、牡菊、艾、附子、苍耳、芫菁、烟茎、百部、巴豆、桐油等；有动物性的，如蜃灰、原蚕矢、鳗鲡鱼骨、鱼腥水等；也有矿物质的，如石灰、食盐、白矾、硫黄、砒霜、雄黄、雌黄、汞粉等。施用方法也多种多样，有的用于种子贮藏，有的用于拌种，有的浸水或煮汁喷洒，有的熏烟，有的直接塞入或涂抹在虫孔内，还有的则需要混合施用。同一种药物也常常视对象、时间、地点等情况的不同，而采用不同的施用方法。古人利用中药防治农业病虫害的历史悠久、成效显著，且独具特色。

三是开创了病虫害生物防治的先河。所谓生物防治是指用天敌昆虫、有益微生物或其代谢产物来控制农业害虫的技术。我国很早就认识到自然界生物的相克相生并维持着一种动态平衡的状态。学会了利用天敌生物，通过捕食、寄生、感染或其他方式，阻止病虫害的爆发或流行。这种防治方法代价小而收益多，是一种绿色防控技术。早在东汉时期《论衡·物势篇》中已经有了生物防治农业害虫的记载。而真正作为一种成熟技术的使用，则见于晋代成书的《南方草木状》"交趾人以席囊贮蚁鬻于市者，其窠如薄絮，囊皆连枝叶，蚁在其中，并窠而卖。蚁赤黄色，大于常蚁。南方柑树若无此蚁，则其实皆为群蠹所伤，无复一完者矣"。这可能是最早关于生物防治的成功范例，也是我国古代劳动人民的伟大创造。在岭南柑橘生产和保存中发挥了重要作用。此外，我国民间来还流行着利用红蚂蚁防治甘蔗的条螟和黄螟的做法。

古人很早就知道，青蛙是捕食稻田害虫的能手，所以在中国古代历史上一些有见识的官吏，常常借用行政力量对青蛙加以保护。据《墨客挥犀》卷六记载，地方大员沈文通（公元 1025—1062）就曾在浙江钱塘实行过"不得擅捕青蛙"的禁令。

中国古代关于利用鸟类和禽类治虫的记载就更多了。《尔雅·释鸟》中就已经有"以鸟治虫"的早期记载。鉴于有些鸟类对捕杀农田害虫的出色作用，而受到了特殊保护。如鹌鸲善捕食蝗虫，被官府明令禁捕。利用家鸭防治害虫和有害动物也是我国劳动人民的一个创举，明代大臣霍韬对珠江三角洲农民利用家鸭防治稻田害虫的做法十分推崇，认为是一件"稻鸭两利"的好事，在《明经世文编》中做了专门的介绍。事实上鸭子不仅能除蝗，而且还能捕食稻田中的飞虱、叶蝉、稻蜻、黏虫、负泥虫等多种害虫，还能起到除草、增氧、肥田的多重作用。稻田养鱼也是稻田害虫生物防治的一个成功范例，很早就在我国的浙江青田一带盛行。

中国在农作物病虫害防治方面有着长期的实践经验和丰富的知识积累，不仅很早就发现了"病虫害的发生发展与气候和栽培技术的关系"，还提出了许多十分有效的农业防治措施，发明了生物防治的技术方法，在世界植物病虫害防控的历史上留下了光辉灿烂的篇章。可惜的是我们近代未能乘势而上，建立具有现代意义上的植保学科。20 世纪初期，一批从国外留学回国的植保学人，他们注重挖掘我国传统精华，翻译介绍西方科学成果，四处采集标本、精心培养学生，开展解剖测微和科学实验工作，建立了中国现代植保学科的研究体系和理论体系，实现了与国际同行的接轨，走出了一条中国特色植保科学创新发展的道路。

第六篇

中国古代农田水利科技创新发展的 成就与启示

早在远古时代，我们的祖先就知道择水而居，避其凶险，用其便利。进入新石器时代以后，逐渐学会因势利导地建筑环壕、堤坝等水利设施来抵御洪灾；并巧妙利用地势高差，通过地上明沟或地下暗渠来给水、排水，显示了我国劳动人民非凡的生存智慧。自从进入了农业社会，就有了农田灌溉。通过兴建各种水利工程，发展灌溉排水，调节土壤墒情，结合其他农业技术措施，实现农作物的增产增收。从考古证据看，距今已有4 000多年的湖南常德"鸡叫城"遗址，是由城址本体、城外聚落遗址以及布满水渠的稻田区所组成的城壕聚落集群。三重"环壕"将遗址分割成三个功能区：第一重环壕以内是城的主体；第二重环壕以内是生活居住区；第二重与第三重环壕之间，是农业生产区，面积约10平方千米，主要用于稻作生产。水稻田被平行水渠分隔，又以水系连通，形成了完整的灌溉系统。从出土的大量稻谷糠壳来看，当年这里的水稻生产应该是比较兴旺的。位于良渚古城遗址的西北部，也有一个兼具防洪排涝、农田灌溉的古老水利工程系统，这些都是我国古代劳动人民农田水利建设的伟大成就。其系统性之强、工程量之大，反映了我国在那个时期具备了较高农业的规划、组织和管理能力，农业生产也进入一个管水用水的新阶段。

　　"水利"一词最初出现在《史记·河渠书》中，主要是指农田水利。灌溉一词则是由《庄子·逍遥游》中"时雨降矣，而犹浸灌"的词句演化而来。《汉书·沟洫志》的《郑白渠歌》中曾有："且溉且粪、长我禾黍"的表述，反映了对水利与农业的初步认识。我们祖先在农业生产的实践中，逐步认识到"水利"和"灌溉"对农作物丰产的重要性。为了强国兴农的需要，历代王朝纷纷建造农田水利工程。传说中的"大禹治水"，说的是他吸取了先辈治水失败的教训，采取变"堵"为"疏"的治水办法，率领民众，苦苦奋斗了 13 年，最终战胜了滔滔洪水。先民们在一次次同洪涝灾害作斗争的过程中，既学会了修筑堤坝防水拦水，也学会了疏通水路放水泄水；或泄或蓄，或灌或排，兴利除害，福泽万民。应该说"治水用水"的水利基因早已融入我们中华民族的血脉之中。自有历史记载以来，农田水利的工程建设一直都伴随着农业的发展一路前行。西周时期，大量建设了农田沟洫系统，实现排灌结合。根据《周礼·遂人》和《周礼·匠人》记载，当时的农田就建有畎、遂、沟、洫、浍等不同级别的沟洫系统。畎是存在于亩与亩之间的水路；遂是存在于夫与夫之间的水路；沟是存在于井与井之间的水路；洫是存在于成与成之间的水路；浍是存在于同与同之间的水路。而畎与遂、遂与沟、沟与洫、洫成浍，各以直角相交。使得畎水流入遂，遂水流入沟，沟水流入洫，洫水流入浍，浍水汇入川。同时利用沟洫开凿时取出的土料修筑相应的径涂（途）道路，即能做到"遂上有径""沟上有畛""洫上有涂""浍上有道""川上有路"。除了最基本的农田排水系统以外，根据《周礼·稻人》记载，还设有蓄水的"潴"（陂泽）、拦水的"防"（堤岸）、放水的"沟"（干渠）、配水的"遂"（支渠）、关水的"列"（田埂）和排水的"浍"（排水沟）等，形成了蓄水工程和排灌渠系相结合的沟洫工程网。

春秋战国时期，随着一些诸侯国实力的增强和竞争加剧，出现了大型的农田水利工程。最著名的有芍陂、漳水十二渠、都江堰、郑国渠等。芍陂是中国历史记载的第一座大型水利工程（又名安丰塘），是春秋时期楚国令尹孙叔敖主持修建的，可灌溉万顷农田。由于选址科学，工程布局合理，水源充沛。至今虽已逾 2 500 多年，仍发挥着旱涝保收的丰产效用，并为后世大型陂塘水利工程提供了宝贵的经验，孙叔敖也被称为我国最早的农业水利工程专家。

继孙叔敖之后，在秦昭王末年（公元前 256—前 251 年），李冰父子主持修建了以无坝引水为特征的宏大水利工程——都江堰，使成都平原变成沃野千里的稻米之乡。该工程坐落在成都平原西部的岷江上，是由渠首枢纽（鱼嘴、飞沙堰、宝瓶口）、灌区各级引水渠道，各类工程建筑物和大中小型水库和塘堰等所构成的一个庞大的工程系统，可使 1 000 余万亩农田受益。它充分利用当地的地理条件，根据江河出口处特殊的地形、水脉、水势，乘势利导，通过工程技术，使堤防、分水、泄洪、排沙、控流等形成一个有机的功能体系。首先在岷江上利用河心洲淤积的乱石滩上修建一处江心分水堤（堰）——金刚堤，即用装满卵石的大竹笼放在江心，堆成一个形如鱼嘴的狭长小岛，鱼嘴把汹涌的岷江分隔成外江和内江，外江用作排洪，内江之水用于灌溉。通过"深淘滩、低作堰"控制边坡比等技术措施，实现自行调节岷江水量，实现了"分四六，平潦旱"的功效（即汛期 60% 的流入外江，40% 的水流入内江；而枯水期，40% 的流入外江，60% 的水流入内江），以确保汛期和枯水期的水量平衡，最大限度地削减岷江洪峰对沿途带来的洪水威胁。为了要凿穿玉垒山引水到成都平原，当时还未发明火药，李冰便命人以火烧石，使岩石爆裂，最终在玉垒山凿出了一个宽20米，高40米，长80米的山口，形状酷似瓶口，故取名"宝瓶口"。利用宝瓶口将源源不断的江水引入缺水的成都平原，同时又削减了岷江沿岸的洪水压力，为了进一步强化分洪和减灾的作用，在分水堰与离堆（开凿宝瓶口形成的石堆）之间，又修建了一条长200米的溢洪道流入外江，以保证内江无灾害，溢洪道前修有弯道，江水形成环流，江水超过堰顶时洪水中夹带的泥石便流入到外江，这样便不会淤塞内江和宝瓶口水道，故取名"飞沙堰"。正是通过这样精巧的工程设计，使都江堰的三大部分实现了协同，科学地解决了江水自动分流、自动排沙、控制进水流量等问题，既消除了水患，又造福了农业。

继都江堰之后，公元前246年（秦王政元年）秦王采纳韩国人郑国的建议，开始由郑国主持兴修一座大型的有坝引水工程——郑国渠，渠首位于陕西省泾阳县西北25千米的泾河北岸，它西引泾水东注洛水，长达300余里（1里=500米）。泾河从陕西北部群山中冲出，流至礼泉县进入关中平原。关中平原的特点是西北略高、东南略低，东西数百里、南北数十里。郑国充分利用这一有利地形，在礼泉县东北的谷口处修干渠，使干渠沿北面山脚向东伸展，很自然地把干渠分布在灌溉区最高地带，不仅最大限度地控制灌溉面积，而且形成了全部自流灌溉系统，可灌田四万余顷。郑国渠不光能引水灌溉，还起到了引淤压碱之功效，使关中平原的农业生产繁荣起来。

引漳十二渠是中国战国初期（公元前422年）的大型引水灌溉渠系。由西门豹主持修建。灌区位于漳河以南（今河南安阳市北），在漳河不同高度的河段上筑12道拦水坝，每一道拦水坝都向外引出一条渠，设引水闸，灌10万亩农田。由于漳河水浑浊有很多泥沙，实现了灌溉和肥田双重效果，从而提高了农作物的产量。

秦汉时期，农田水利建设渐由黄河、长江和淮河流域扩展到浙江、云南、广西、甘肃河西走廊以及新疆等地，这一时期最著名的水利工程是灵渠。灵渠工程由铧嘴、大天平、小天平、南渠、北渠、泄水天平、水涵、陡门、堰坝、秦堤、桥梁等诸多部分组成，其技术成就之高、集成之美，被后人称颂为"一部灵渠史，半部水利史"，可以说灵渠凝聚了我国古代水利工程的技术经验和超凡智慧。从地理方位的测量（自制的水平仪使用），到地质土质的探评（飞来石基的利用）；从建筑材料的创新（用耐水防腐松木打桩、竹笼卵石箍阻水、鱼鳞石滚水坝缓流、糯米浆做成的混凝土等），到精确分水的实现（通过铧嘴和大小天平的协同节制），其技术水平远远走在了当时世界的前列。特别是各式陡门的设计和应用，更有世界船闸之父的美誉。东汉时期，杰出的水文水利专家王景，亲率数万人进行黄河、汴河的治理，他大胆采用"河、汴分流"的策略及河堤加固的举措，使桀骜不驯的黄河安稳了800年，被后人世代称颂。

隋唐、宋时期，水利工程技术日趋成熟与完备，农田水利进入巩固发展的时期。除了对一些老旧水利工程进行维修除险和加固完善之外，还大力开通运河，发展船运和农田灌溉。在太湖下游大修圩田和水网，黄河中下游地区大面积放淤造田。在太湖治理上，范仲淹在总结前人治水经验的基础上，提出了"浚河、修圩、置闸"三者并重的治水方针，较妥善地解决了蓄与泄、挡与排、水与田之间的矛盾，至今仍具有一定的指导意义。

元、明、清时期，长江、珠江流域水利发展较快，特别是两湖、两广地区，农田水利得到了进一步开发。北方农牧结合地区的水利也有了巨大的进步。元代郭守敬主持了邢台、磁州农田水利等六项水利建设工程，1264 年修通了宁夏等地数十条引黄灌溉渠道和配套水闸，使其成为稻花飘香的塞上江南。明朝水利专家潘季驯，主持治理黄河、运河多年，在工程实践和治水技术上都有创新和突破。他提出的"束水攻沙"的技术措施，对以后黄河治理影响甚大。明万历年间，徐光启把西方国家的农田水利技术介绍到中国，在其《农政全书》中对《泰西水法》做了专门的著述，为我们学习和借鉴西方水利科技打开一扇窗户。

千百年来，除了以渠坝为核心的大型水利工程以外，以井渠补充的利用地下水的灌溉设施，也受到人们的重视。考古证明，中国凿井的历史很早，目前已经发现多处新石器时期的水井遗迹，如余姚河姆渡、汤阴白营、邯郸涧沟等遗址都发现过水井的遗迹。特别值得指出的是，涧沟的水井还与沟渠相连，井内还发现了不少残破的汲水的陶器，这应该就是井灌的直接证据了。据《吕氏春秋·察传》记载，说有一个宋国农民丁氏，在其家凿井得水后，高兴地对别人说"吾穿井得一人"，意思是说我虽然只是凿了一口井，但对种庄稼的意义，却不亚于增加了一个劳动力。《庄子·天地》记载了一个有趣故事，说是子贡路过汉阴时，看到一个人抱着一个坛子在井里取水浇地，很是费力，遂劝他使用桔槔提水灌溉，可以达到"一日浸百畦"的效果。这说明在春秋末期利用桔槔的井灌农业已经有了一些实例。到了战国时期，井灌农田就更为普遍了。新疆地区的坎儿井，应该是汉代时期从中原传过去的技术，它是适合荒漠地区的一种特殊的灌溉系统，由竖井、地下渠道、地面渠道和涝坝四部分组成。首先在地面由高至低打下井体，汇聚地下水，后在井底修一暗渠，将地下水引到目的地以后，才提取使用，从而保证地下水不会因炎热及大风而被蒸发或污染。在汉代元鼎年间（公元前 116—前 111 年）的龙首渠的建设中也使用了类似的技术，当时庄熊罴率人，自徵（今澄城县）引洛水穿渠，至商颜山（今澄城至大荔间的铁链山）时，因该山土质为黄土，修明渠易出现塌方，故开发出井渠，即依渠道走向，相隔不远即自山顶凿一井，使井下相通，连成暗渠，穿过商颜山。这种井渠施工法，使隧洞和竖井施工技术实现了有机融合。

至于提水工具也随着农田灌溉的发展而不断进步，早期井灌提水工具主要有桔槔和辘轳两种。桔槔在春秋晚期已经出现，辘轳的使用始于何时不详，但不少汉代遗址中均出土了辘轳的图像或模型，其形制大体是在水井两侧竖起两根柱子，上架装有滑轮的横轴，滑轮有宽槽、窄槽两种。滑轮的槽中放绳索，绳子的一端系一柳罐（或陶罐），或两端各系一只罐子，一上一下交替提水。它克服了"桔槔绠短而汲浅"的不足，故得到了比较广泛的应用。除了桔槔和辘轳外，东汉末年机械提水工具有了重大的突破。据《后汉书·张让传》记载，汉灵帝时毕岚"作翻车、渴乌，施于桥西，用洒南北郊路"。唐李贤所注《后汉》中提到："翻车，设机车以引水；渴乌，为曲筒，以气引水上也"。此处的翻车系机械提水工具，渴乌是虹吸管一类工具。三国魏明帝时，能工马钧又对翻车进一步完善，用于菜圃浇灌，甚是方便。

随着唐代水田的扩展，对灌溉机具提出了更高的要求，一方面原有的龙骨水车逐渐普及，同时又创造出筒车和立井式水车。在动力方面，由人力提水发展到利用畜力、水力提水，在灌溉机具发展史上谱写了璀璨的一页。隋唐以前，龙骨水车虽已有所应用，但在大田生产上并未普及。唐五代时期，为适应稻作农业发展的需要，龙骨水车在南方各地逐步推广，并引入北方地区。唐文宗大和二年（公元828年）曾在江南征集造水车工匠赴京都，帮助制造龙骨水车，"散给缘郑白渠百姓，以溉水田"，这也从一个侧面说明：江南翻车制造技术处于全国领先地位。唐时水车不仅在国内推广使用，而且还流传到日本。据日本《聚类三代格》记载："耕种之利，水田为本水田之难，尤其旱损。传闻唐国之风，渠堰不便之处，多构水车。无水之地，以斯不失其利。此间之民，素无此备，动若焦损。宜下仰民间，作备件器，以为农业之资，其以手转、以足踏、服牛回等，备随便宜。若有贫乏之辈，不堪作备者，国司作给。经用破损，随亦修理。"这确证无疑地表明：日本的水车是由中国引入的，而且还显示了当时我国龙骨水车已有手转、足转、牛转等多种类型。牛转翻车用牛力驱动，不仅是生产力的解放，也增加了必要的传动装置，技术上也有了新进步。

一般的龙骨水车主要用于平原和低丘地区，在崖高河深之处，龙骨水车往往难以奏效，于是就有了筒车的创制。唐人陈廷章的《水轮赋》中曾描述过筒车的形状、功能及其运转时的情景。赋中写道"轮乃曲成，升降满农夫之用，低回随匠氏之程。……虽破浪于川湄，善行无迹；既斡流于波面，终夜有声。观夫斫木而为，凭河而引，箭驰可得而滴沥，辐辏必循乎规准。……殊辘轳以致功，就其深矣；鄙桔槔之烦力，使自趋之。转毂谅由乎顺动，盈科每悦于柔随…钩深致远，沿回可使在山；积少之多，灌输而各由其道。"将赋文中的"轮乃曲成""使自趋之""钩深致远，沿回可使在山"等词语联系起来看，这种水车的重要的部件是"水轮"，它"斫木"制成，置于急湍河川中，利用水力推动水轮旋转，将水提上岸去，为农业服务。这种水轮筒车和《王祯农书》所记"水激轮转，众筒兜水，次第下倾于岸上"的水转筒车是一致的。王祯《农书》中还记载了高转筒车，这是筒车与翻车相结合的一种装置，用"人踏或牛拽转上轮"，则盛满河水的竹筒便循次而上，将水倾于岸上。其实，唐代还创制了另一种新的井灌工具——斗式水车。《太平广记》记载，这种水车的结构是：以多个水斗连成环链状，链环装置在井上架的立齿轮间，用人力或畜力挽拽立轮旋转，链环上的木斗则连续不断地提取井水。这也就是后世所称的"龙骨木斗"。

中国古代的农田水利工程建设，开始时间之早，规模之宏大，技术水平之高，对农业发展的贡献之大，都是值得自豪的，在世界水利建设史上也是十分罕见的。从 2014 年起，国际灌溉排水委员会开始在世界范围内评选灌溉工程遗产。中国作为灌溉文明古国，目前已有 38 个水利工程入选世界灌溉工程遗产名录，约占整个入选总数的 1/5。世界灌溉工程遗产名录的评委们在评价我国古代水利工程技术时指出：中国是灌溉工程遗产类型最丰富、分布最广泛、灌溉效益最突出的国家。这些世界灌溉工程遗产几乎涵盖了灌溉工程的所有类型。既有翻山越岭的渠系、结构精妙的涵闸、设计巧妙的堰堤，提水工具也是不断翻新，闪耀着古人的智慧之光，产生了巨大的经济效益和生态效益，许多工程至今仍发挥着重要的作用，许多技术直到今天仍绽放异彩。近代以来，李仪祉（公元 1882—1938）等把西方科学和工程技术与我国古代治水的宝贵经验相结合，把防洪、航运、灌溉、水电、水源涵养、水土保护等兼顾结合起来，逐步形成了中国特色的现代农田水利技术体系。

第七篇

中国古代农业气象科技及灾害防治的经验与启示

一、中国古代对气象气候变化与农业生产关系的认识

在农业发明之初，我们的先祖们就注意到天气和气候的变化对农业生产的影响，并逐步对农业活动的季节性有了一定的认识，积累了一些初步的气象知识。商代的甲骨文中就出现了不少气象上的名词如雨、云、风、雪等，并且已经能够将这些气象条件与农业生产活动联系起来。有关降雨的记录就有："委年有足雨？""禾有及雨？""帝令雨足年？帝令雨弗其足年？"等，说明当时已经对雨水与农业生产的关系有了一定的认识。从出土的甲骨文和其他考古资料综合来看，商代的中华先民已经掌握了一些农时特点，并对日照、雨量、气温、霜期等自然规律有了一定的认识，甚至能以预卜的形式进行某些气象预报。我国甲骨卜辞中的气象记录，应该是世界上最早也是最完整的气象记录，具有很高的学术价值。

随着文字时代的全面开启，中国古代气象学记录愈加丰富。观测

天象、望云占雨，掌握季节和农时，成了一项重要的国家事务，并衍生成一些官名和机构。《尚书·洪范》中记录了西周时期人们对农业气象方面的认识，其中说到："庶征：曰雨、曰旸、曰燠、曰寒、曰风。曰时五者来备，各以其叙，庶草蕃芜。一极备，凶；一极无，凶。"并且明白了"雨以润物，旸以干物，燠以长物，寒以成物，风以动物"的道理。这说明西周时期，人们已经认识到：雨、旸等湿度，暖、寒等温度，以及通风等气象因素对农业生产的影响。并知道了任何一个因素的"极备"或"极无"，都会对农业生产造成不利的影响，只有"五者来备"，风调雨顺，才能获得农业的丰收。因此中国古人有着非常强烈的"农时"意识，他们常常把"天时"的因素放在农业生产的首位，借以强调掌握农事季节的重要性，并在农业生产中自觉遵循"知时顺天""不误农时"的耕作原则，试图根据自然界常见的生物和非生物对气候变化的反应去捕捉气候变化的信息，从四季花草树木的荣枯到虫鱼禽兽出没活动等的变化去判断农时季节的到来，并把那些显而易见的物候指征作为掌握农时的一种手段和遵循。《夏小正》是中国现存最早的一部记录农事的历书，分别按月记载了物候气象、星象等，并标明了一定的农事要求，反映了当时对农业季节的掌握与运用情况，已经有了农业历法的雏形。时人普遍认为："岁月日时无易，百谷用成""日月岁时既易，百谷用不成"（见《尚书·洪范》文）。说的是：季节时令没有错乱，则百谷就能按时序生长，易于获得丰收；如果季节时令错乱了，作物就生长不好，就会造成歉收。物候的方法毕竟是一种间接反映农时节气的近似方法，因此制定比较准确可靠的天文历法去指导农业生产便成为一种新的时代要求。

二、建立天体运行、物候气象与农作季节之间的内在联系

当古代中国人认识到气候变化与天体运行之间的关系后，就试图通过天象规律制定历法去更精准地指导农业生产。虽然《夏小正》已经起着农事历法的基本作用，但真正从天体运行的角度确定季节时令的尝试则开始于商代以后，被称作"阴阳合历"的商代历法就是这一尝试的重大成果，它一方面以朔望月作为历月的标准，另一方面又以太阳回归年作为历年的标准，更符合农业生产掌握季节的需要。商代历法通过设置大月、小月和闰月的办法来规定一个回归年；大月30日或31日；小月29日或少于29日；并将一年的"岁实长度"精确到365.3日，通过闰月来协调年历与月历的关系。到了西周时期，人们又发明了用土圭测日影技术来确定一个回归年长度和季节的精确变化。由于物候方法的简单易行，也常常会和阴阳历法结合使用，从而催生了二十四节气的形成。西周时期的历法也有不少关于季节时令与物候关系的明确记载。诗经《豳风·七月》中记载有春、夏、秋、冬四季的全部名称，而且还就每个月的物候特征与农事活动做了描述。秦汉时期，随着农业精耕细作技术的发明，人们更加重视农时和节气。《淮南子·主术训》已经将"上因天时"视为"群生遂长，五谷繁殖"的要素加以强调，并视为农业丰收的重要前提条件。正是基于对农时的重视和在实践中的不断探索，我们的先贤们天才地创造出了流传2 000多年的"二十四节气"和"七十二候"，用于指导我国的农业生产。二十四节气是在前人经验基础上逐步产生起来的。据《尚书》记载，西周时期就已有"二分""二至"，即春分、秋分、夏至、冬至的

概念。《吕氏春秋》明确记载了在战国时期已有"四立"划分，即立春、立夏、立秋、立冬。保留许多先秦史料的《周髀算经》已经根据日晷的影长来确定二十四气节的时段了，书中明确指出："二至者，寒暑之极；二分者，阴阳之和；四立者，生长收藏之始，是为八节。节三气，三而八之，故为二十四"。这样就从一开始的4个节气，然后4个变8个，中间再一分为二地不断细化，特别是根据每一时段的气（物）候及农事特征，设定了"雨水、惊蛰、小满、芒种"等的加入，使之更具农业特色。到了西汉初年，淮南王刘安组织编著的《淮南子》中已经有了"二十四节气"的完整记载，名称及排列的次序也和现在使用的几乎一模一样。书中还介绍了划分二十四节气的具体方法："日行一度，十五日为一节，以生二十四时之变。"说明二十四节气在秦汉时期已趋于成熟。

二十四节气，是地球环绕太阳运行位置的变化而引起气候寒暖干湿演变规律的反映，是传统历法的重要内容之一。它比以往的四时和八节更加精确和具体，十分切合黄河流域农事活动的节奏。自秦汉以来，一直作为指示时宜的重要指标，被广泛运用于农业生产上。如西汉《氾胜之书》在"耕田篇"中就运用了立春、立夏、秋分（昼夜分）等节气来确定农时，并做出适宜的农事安排。

七十二候是汉代在先秦物候知识的基础上，结合二十四节气整理而成的，始见于《逸周书·时训解》。它以五日为一候，六候为一月，以候为表征，指导农事活动，使人们对农时的掌握更为准确。《氾胜之书》和《四民月令》中就有很多利用七十二候安排农事活动的记载，如《氾胜之书》用"春冻解""杏始华荣""杏华落"等物候现象来掌握春耕适期；用"三月榆荚"的变化来掌握大豆和谷子的播种期。《四民月令》中则分别用"杏华盛""桑椹赤""榆荚落""蚕大食"

等物候现象来确定各种农作物的播种期；用"布谷鸣"来确定收获小蒜的时间。可见，当时在农业生产中利用物候节气来掌握农时的情况已相当普遍了。由此可见，二十四节气及其七十二候，既是古代天文、气象、物候的重要研究成就，也是气候预测与农事安排的重要依据，很快得到了民众的青睐，并逐渐表达成通俗的二十四节气歌、二十四节气图表等，一直为后人沿用，这在世界气象科技史上也是一大奇观。诺贝尔物理学奖获得者斯蒂文·温伯格在《第三次沉思》中对中国古代的二十四节气及其对日月运行的算法给予很高的评价，他认为：二十四节气虽以气象物候之名，但其本质属于天文学上的太阳回归年，将其平均分为 24 份，以对应的物候记录了太阳的运行规律，科学地指导着农业生产，在唯象理论上已达到很高的水平。

正是二十四节气的科学性和简明性，使其得到空前的社会普及，并在实践中不断丰富和发展，北宋的沈括倡导把二十四节气与一年中的十二个月很好对应起来，民众更是在实践中总结出形象生动、易学易做的农谚。关于中原地区小麦播种时期的农谚就有："秋分早、霜降迟，寒露种麦正当时"的说法；并针对不同地形地势又扩展为："处暑种高山，白露种平川，秋分种门外，寒露种河湾"的补充，切实反映了我国劳动人民"顺天时，量地利，抢抓农时"的农业观念。

三、农业气象灾害的预防和治理

气象灾害是造成农业减产甚至绝收的一大隐患，我国劳动人民在长期与气象灾害的斗争中，积累了丰富的经验，留下许多宝贵的技术发明和气象知识，例如针对大气湿度的天平测量法（早在西汉时期就有将天平一端放入吸水性较强的木炭，而另一边放入吸水稍差的铁石等的记载，空气湿度的变化会导致天平出现不平衡，而向吸水较多的一边倾斜）和一种被叫作"相风铜鸟"的观测风向的仪器（系东汉张衡的发明）。至于天气预测谚语就更丰富了，不仅具有较高的准确性，有的还蕴藏着深刻的道理。比如"燕子低飞蛇溜道，大雨不久要来到"的雨情预报，一般在大雨来临前，气压会比较低，空气是湿润的，含有大量的水汽，各种小昆虫的翅膀变得黏重，飞行高度降低，而燕子为了觅食昆虫，自然只能靠低飞来捕捉。而蛇一般居住在水源充足、阴暗潮湿的洞里，同样因为大雨来临前的低气压，洞穴里湿气压抑，蛇在里边待不住，就会出来遛弯透气，通过这种双重物候相互验证的研判，准确率一般会比较高，能够提醒人们防范即将到来的大雨。再比如"天上钩钩云，地上雨淋淋"，所谓钩钩云，学名叫钩卷云，呈丝缕状分散排列，一头带有小钩，另一头像小尾巴拖着，经常在暖锋面和低气压前面出现，稍后便会有低云密布，下雨的概率很高。

把气象灾害与二十四节气联系起来，能够更方便地指导农业生产。这方面的农谚非常丰富，如"处暑落了雨，秋季雨水多"，因说"处暑"节气已经进入秋季，如果在处暑时节出现阴雨天气的话，便意味着今年炎热多雨的天气会向后推迟，所以这以后的一段时间里降雨会比较频繁。再有"大寒猪屯湿，三月谷芽烂"，意思是说如果大寒节气天气偏暖，没有结冰，猪圈里的土还是湿漉漉的，预示着来年三月多半会有倒春寒，谷芽可能就会受冻烂掉，提醒人们要预防春寒的发生。

为减轻农业气象灾害造成的损失，我们祖先发明了一系列应对的技术手段。如针对多雨阴湿土地，发明了清沟沥水、起垄栽培和棚架式栽培的技术；针对寒流导致的农作物冻害，更是积极探索，主动作为。倒春寒对春季作物的危害是致命的，正处在快速拔节生长的小麦作物，若突遇寒流，就会导致小花分化的停滞和败育，对未来小麦的产量会有很大的影响。秋季霜冻也会使正在发育的农作物遭受突如其来的冻害，使辛苦了一年的劳动成果蒙受损失。北魏贾思勰在《齐民要术》中就霜冻出现的条件进行过一些预测，指出："天雨新晴，北风寒彻，是夜必霜。"并介绍了利用烟熏预防霜冻的技术方法："常预于园中往往贮恶草生粪。……放火作煴，少得烟气，则免于霜矣"。熏烟防霜冻是一种非常有效的技术方法，烟幕能够吸收地面的长波辐射，并向地面辐射热量，减少地面热量净支出量；柴草在燃烧过程中也会散发热量，减少了霜冻发生的可能；另外空气中的水汽会在烟尘上面凝结，放出来潜热，也有利于减轻冻害，再者燃烧产生的大量二氧化碳等，也可以起到保温的作用。实践证明这种预防霜冻的方法可以明显减轻危害，降低损失。为了使一些不耐寒的作物保持在冬季寒冷季节的生长，我国古代劳动人民还发明了温室栽培。相传，早在秦朝时就有人在"骊山岭谷中温处"做过"冬种瓜"尝试。据《汉书·循吏传》记载，"太官园种冬生葱韭菜菇，覆以屋庑，昼夜燃蕴火，待温气乃生，信臣以为此皆不时之物"。为了能在严冬吃上"不时之物"，于是就有了温室的发明。到了唐代，温泉也被利用来栽培瓜果。唐朝诗人王建（公元 618—907 年）有诗写道："酒幔高楼一百家，官前杨柳寺前花，内园分得温汤水，二月中旬已进瓜"。元朝（公元 1279—1368 年）王祯《农书》有记载说"冬至移根藏以地屋萌中，培以马粪，暖而即长""就归畦内，冬月以马粪覆之，于向阳处，随畦用蜀黍篱障之，遮北风，至春，芽早出""十月将稻草灰三寸，又以薄土覆之，灰不被风吹，立春后，芽生灰内"。说明元代的冬季保护地栽培技术（利用阳畦、风障、增热肥料等）已相当完善。明朝（公元

1368—1644 年）王世懋在《学圃杂疏》中也记述道："王瓜（指黄瓜，北京人为了避讳之称——作者注），出燕京者最佳；种之火室中，逼生花叶，二月初，即结小实"，说明 400 多年前的北京地区，利用火室（温室）进行黄瓜的冬季栽培已经十分成熟。明代中后期，关于我国北方地区应用火室或火坑生产黄瓜、韭黄以及花卉的记载逐渐多了起来。据《五杂俎》记载："京师隆冬有黄芽菜、韭黄，盖富室地窖火坑中所成""元旦有牡丹，有新瓜，古人所谓二月中旬进瓜，不足道也。其他花果无时无之，盖置坑中温火逼之使然。"北京冬季的天气是非常寒冷的，如此稀罕之物被老百姓称之为"洞子货"。所谓的"洞子"是用木头架子搭成的一长溜暖室，在正前方朝南的地方用半透明的旧账纸糊好，使阳光能够透射进来保温，晚上拿破棉花套或苇席子盖上；后面是土墙，里面通有用煤炉子取暖的火道，这样的"洞子"其实就是今天的"日光温室"，这样栽培出来黄瓜、韭黄、扁豆、茄子等"反季节生长"蔬菜，通称为"洞子货"。从汉代"冬生葱韭菜菇"，到明清北京的"洞子货"，中国古代在应对不利的天气和气候方面，积极探索，主动作为，通过不断的技术创新，较早地实现了保护地栽培和反季节栽培，为世界设施农业的兴起作出了突出贡献。

四、留给我们的启示

虽然中国是较早认识气象和气候变化及其与农业生产关系的国家，并在农业气象灾害的预测和防治方面积累了丰富的经验，综合应用天文、气象、物候等方面的知识，把太阳运行的规律与农业活动的规律结合起来，创制出"二十四节气"来指导农业活动，展现了古代中国人的独特创新智慧。特别是通过一系列技术发明（渍水条件下的垄栽、潮湿条件下的棚架栽培、严寒条件下的温室栽培、防霜冻的烟熏之法，等），为不利气象条件下农业的防灾减灾，做出突出的贡献。世界气象科技史研究表明，中国古代的农业气象科技整体上处在当时世界的领先水平。

第八篇

中国古代生态农业创新发展的成就与启示

我国生态农业的思想源远流长。《四千年农夫》中写道，"以中国为先导的东方农耕是世界上最优秀的农业，东方农民是勤劳智慧的生物学家，他们依靠秸秆粪便等有机垃圾广积肥料，依靠间作轮作种植豆类固氮作物等保持和维护地力，精心保护和高效利用土肥水等农业资源，使中国农业历久弥新，长盛不衰"。的确，作为一个有着5 000多年农业文明历史的国家，中国劳动人民有着极其丰富的农业智慧和经验。我们的祖先很早就注意到人类的生态平衡问题，2 000多年前就提出"天人合一""万物并育""相时而动""用之有节"的哲学思想，把天地人和生命万物看成一个相互依赖、命运攸关的统一体。主张共生共荣，平衡协调，和谐相处。在这种哲学观念的指引下，不断进行农业的探索和实践，形成了一整套农业生态思想和技术体系，主要包括以下五个方面。

一是尊重自然、顺应自然、和谐共生的生态农业思想。我国古代农书《齐民要术》明确指出"顺天时、量地利、则用力少而成功多"，主张农业生产要"上因天时，下尽地利，中用人力，是以群生遂长，五谷繁殖"，在"种养三宜"（物宜、时宜、地宜）的原则指导下，我国劳动人民创造了许多科学有效的耕作方法，如"秋耕欲深，春夏欲浅""春种欲深，夏种欲浅""浅水种稻深种藕，不深不浅种杞柳"等，都巧妙地体现了根据自然环境、自然时序和植物属性从事农业活动的生态原则，从而充分利用时空、光温、土地、生物等自然资源，多种经营、五业并举，挖掘生产潜力，不断提高种养水平和产出能力，以满足人口不断增长的需要。另外，我国还最早建立了"麦豆轮作，油稻相依"等互利互惠的生态种植制度，创造性地利用根瘤和菌根促进营养生态循环。至于稻田养鱼、稻田养鸭更是中国农耕文明的重要成果，早在 1 700 年前我国就有了稻田养鱼的描述，据三国时期《魏武四时食制》中所述的"沛县子鱼黄鳞赤尾，出稻田，可以为酱"，提到的地方就在都江堰附近。浙江青田农村建立的稻田养鱼系统，距今也有 1 200 多年的历史，最早是由农民利用溪水灌溉，溪水中的鱼在稻田里自然生长，后经过不断改进和长期适应，形成了天然稻鱼共生系统。据青田县志中记载："田鱼，有红、黑、驳数色，土人在稻田及圩池中养之"。所谓"田鱼"是指适合在稻田中养殖的鱼，是淡水鱼中的一类，虽然出自稻田而无泥腥味，肉质细嫩，味道鲜美，鳞片柔软可食，营养丰富，深受人们的喜爱。我国的稻田养鸭在明代就已经比较成熟，日本学者万田正治和右隆雄在学习吸收中国经验的基础上，发展成合鸭农法，以后又传入韩国，在东南亚一带兴旺起来。

二是生产、生活、生态一体化的循环农业思想。春秋战国以前，中国农业就已经有了将人畜粪便施于农田的记载。把枯草烂叶等生活垃圾，在与人畜粪便堆沤后施入农田，不但能提高农田产量，也可净化环境，减少污染。在寿县出土的楚代墓葬中，就已经出现把厕所建在猪圈上的模型陶器。《氾胜之书》指出"凡耕之本，在于趋时，和土，务粪泽"。《齐民要术》介绍的绿肥法、踏肥法、火肥法等，尽可能将生产、生活中的废物变成培育土壤的肥料。这种"物尽其用"的生态循环技术，不但保证了耕地的地力不衰，而且可以使贫瘠的土地变成良田，这也成为中华农耕文明有别于西方的一大特征。

三是"勤力节用"和"精耕细作"相结合的有为农业思想。勤俭是中国农家的立身之本和传统美德。荀子在《问天》中写道："强本而节用，则天下不能贫。"这种"勤"与"节"背后隐含着丰富的哲学内涵。以勤为例，古代农业强调要多锄、早锄、勤锄，认为"锄头有水、锄头有火、锄头有肥"。《齐民要术》指出："锄麦倍收，皮薄面多。""锄得十遍，便得八米也。"先民们还创造出区田法、代田法等土地整理技术，大胆探索"间作套种、育苗移栽"等农作方法，通过精耕细作的辛勤付出，以实现对光能、土地等的集约利用，提高单位面积产量。另外，我国古代农民极其重视对劳动果实的珍惜和农业资源的节约，认为对物质资源的"任情"挥霍、滥施滥用都将受到自然的惩罚和报复，过度耕作会造成土壤贫瘠，过度施肥也会导致贪青徒长，从而发展出"用养结合"的休耕轮作法和"农家肥"的循环利用。这对保证持续高效的农业生产具有非常重要的意义。

四是对耕地资源的重视和生态尊重。耕地被中国人视作最宝贵的自然资源，孟子最早将"耕地"视为国家"三宝"之首。他在向梁惠王提出"五亩之宅"和"百亩之田"这一"恒产"标准时，突出强调了耕地是生存发展与社会安危的基础。对土地资源的珍爱与保护，不仅形成了中国人的"土地生命意识"，而且也形成了中国传统农耕文明有别于西方的一大特点。与对土地资源的珍惜相辅相成，孟子在他的"恒产"理论中，也特别强调对自然生态的尊重。即所谓"王道之始"即"不违农时，谷不可胜食也，数罟不入洿池，鱼鳖不可胜食也，斧斤以时入山林，材本不可胜用也。谷与鱼鳖不可胜食，材木不可胜用，是使民养生丧死无憾也"。这种对自然时序的遵从，对自然资源的取用有度，不但可以做到可持续发展，还可以拥有青山绿水的美好生态。

五是对农业病虫害的生态防治。农业病虫害是严重影响农业产量和质量安全的自然灾害。无论是农业危害巨大的蝗虫，还是被视为"鬼"的小麦黑穗病等曾经给古代的农业生产带来了极大的危害。勤劳智慧的我国古代劳动人民，在与农业病虫害的斗争中，形成了"生物相克相生、适者生存"的生态观念，并巧妙地应用到农业病虫害的防治之中，形成一套行之有效的生态防治技术体系。比如面对汹涌而来蝗害，他们采取了多种生态防控措施，首先在蝗虫易发高发的低洼地上，排除积水，去除杂草，断其滋生条件；并在产卵期，用草木灰或生石灰进行土壤处理，杀其卵、绝其后；再结合调整种植结构，多种一些蝗虫不喜好的作物；尽力保护捕食蝗虫的蛙类、鸟类等天敌生物；通过这样多重生态治理，使蝗虫危害降低到最低点。再比如，我国南方利用赤黄蚁，防治柑橘的食心虫害，以蚁治虫使其不得食果。这种生物防治方法在岭南柑橘生产和保存中发挥了重要作用。此外，我国民间来还流行着利用红蚂蚁防治甘蔗的条螟和黄螟的做法。利用这种防治方法代价小而收益多，是一种绿色防控技术。

发展生态农业是我国对人类的一大贡献，其理念的先进性和技术的创新性、系统性都堪称世界之最。面对当今石油化学农业带来的严重的环境污染、社会公害和发展瓶颈，我们更应该重视吸取中国古代生态农业的伟大经验和智慧，走出一条绿色可持续的现代农业发展道路。

第九篇

中国古代杰出农学家代表及其伟大贡献

一、中国最早的农业专家——氾胜之

氾胜之，氾水（今山东曹县北）人，西汉著名农学家。他自幼对农作物生长和栽培就很感兴趣，喜欢学习和研究农业技术，注意搜集、总结家乡农民的生产经验，积累了丰富的农业知识。在汉成帝的时候（公元前33—公元前7年），氾胜之步入仕途，官居议郎、知农事、后官至黄门侍郎。他受朝廷的遣使，以轻车使者的身份到三辅（即今陕西省关中平原）地区管理农业。据《晋书·食货志》记载："昔汉遣轻车使者氾胜之督三辅种麦，而关中遂穰"。在此期间，他深入农业生产第一线，认真研究当地的土壤、气候和水利情况，因地制宜地推广各种先进的农业生产技术。经过不断地研究和实验，在《氾胜之书》中记载"区田耕作法"。即把大块土地分成若干个小区，做成区田，四周打上土埂，中间整平，深挖作区，施以粪肥，调和土壤，以增强土壤的肥水保持能力。区田法的推广和运用，大大提高了关中地区小麦产量，深受广大农民的欢迎。

不久，他升任御史，在担任御史期间和其后的任职中，常常微服出访，坚持到民间考察农业生产，针对发现的问题加以研究。并把农民种田中好经验、好做法收集起来，加以总结和提升，不断丰富自己的农业知识。并把这些知识又应用到新的农业实践中，解决了不少生产中的实际问题，产生了一系列重要的技术发明，为中国古代农业科技的发展作出了巨大的贡献。

晚年，他系统总结了春秋战国以来我国农业生产的经验，梳理并荟萃已有的农学知识，结合自己的所获、所思、所悟，书写出伟大的农学著作《氾胜之书》，留下宝贵的农业经验、农学知识和学术思想，为历代农学家所推崇。

一是他系统地提出了"精耕细作、勤力有为"的农业发展观念；创建了"趣时、和土、务粪、务泽、早锄、早获"农业耕作的六项技术原则；发明了"区田法""化土法""溲种法"等多种实用农业技术，初步构建了中国的农业技术体系。虽然早在春秋战国时期，我国的思想家们就提出了"夫稼，为之者人也，生之者地也，养之者天也"的"三才观"，但氾胜之却是把这些观念落实到农业生产和技术实践中的先驱人物，他不仅把"三才观"提升至"凡耕之本"的统领高度，对其内涵的阐发也更加透彻，更具有实践性和操作性。并把"精耕细作"作为其技术思想的核心，提出了："趣时""和土""务粪""务泽""早锄""早获"的农业耕作六原则，包含了农时、土壤、施肥、灌溉、中耕、及时收获等农业生产的关键技术环节，还记载了"区田法""化土法""溲种法""穗选法"等重要的支撑技术。他强调要根据土壤类型和气候因素整理土地，倡导实行区田法种植。指出："凡区种，不先治地，便荒地为之"，他认为只有通过合理深耕和"化土之法"把荒地变成熟地，才能充分发挥"区田"的集约效应，最大限度释放土壤潜力。所谓化土之法，当"以粪气为美"，他主张通过施肥来提升地力，综合利用基肥、种肥和追肥等多种施肥方法，以保持整个作物生长周期的肥力不竭。他特别指出：追肥宜采用比较速效的蚕矢或腐熟的人粪尿，能快速起效，并避免"生粪"伤苗。这种对"生粪"和"熟粪"的区分以及对基肥、追肥和种肥的分类实施，是对肥料观念的重大提升。更为可贵的是他在精准高效施肥上的创造性贡献，发明了溲种法的技术（类似于今天的种子包衣技术，将肥料和农药包裹在优良的种子外周，便于发挥肥效与药效），不仅能肥田助苗，还能减少前期病虫害。种植后既有利于保肥保墒，又有利于合理密植和精耕细作。氾胜之的精耕细作的要旨还在于，不失时机开展田间管理，他尤其注重中耕除草的作用，主张"区间草生锄之"，通过早锄、勤锄，协调土壤肥、水、气之间的关系。他精耕细作的农业思想及和与之配套的技术发明，对中国古代农业产生了巨大而又深刻的影响。

二是创造性地发展并完善了我国生态农业思想，并率先提出了农业"防灾备灾"的科学观念。氾胜之倡导顺应自然、平衡和谐的生态农业理念，强调多种经营，因地制宜发展农业生产。关于土壤利用，他强调要分辨土壤类型，合理安排作物种植（比如黄白地适合种植禾之属作物）。主张利用春天"地气"初开，优先耕翻比较坚硬的"强地"和"黑垆土"，土地要耙平磨碎，待"草生、复耕之""草秽烂，皆成良田"，强调进行"粪种"，提倡"以溷中熟粪粪之"的化土之法，正是他的先导性引领作用，中国农业始终保持着可持续发展的正确方向，通过对生物废弃物（人畜粪便、农作物秸秆等制作的农家肥）的循环利用，使得我国土壤肥力保持千年不衰。他还主张通过间作套（混）种等手段，实现田间生态优化和多种经营。

在备荒备灾方面，他主张采用积极、综合的治理策略，重视技术在灾害防治中的作用，主张通过综合技术措施来抵御自然灾害，初步形成了综合防治、系统治理的灾害防治思想。他认为：灾害是一种自然现象，要未雨绸缪、因地制宜，采取积极有效的技术措施进行综合防治。比如选择抗灾作物、培土壅根术、拉绳去霜法、轮作间作法等。他指出首先是要选择合适的作物类型，他认为冬小麦是一种很好的备荒农作物，指出："凡田有六道，麦为首种。种麦得时，无不善。"他在担任三辅地区的轻车使者时，曾大力推广小麦的种植，使"关中遂穰"。大豆也被氾胜之列为备灾救荒的农作物，指出"大豆保岁，易为宜，古之所以备凶年也"。"稗"虽然产量不高，但抗性极强，被氾胜之认作："既堪水旱，种无不熟之时""宜种之备凶年"。他主张通过多种经营减灾备荒，"种谷必杂五种，以备灾害。"

他在防旱、防涝、防暑、防寒、防虫、防水土流失等方面有着众多的技术贡献。在抗旱保墒方面，他提出"冬不旱耕、春不旱耕"的耕作原则，并通过"区田积穰""穴贮肥水"来抗旱保墒。他认为防治旱灾不光要重视灌的作用，更要使农作物高效地利用水分。他发明的浸润灌溉法就是高效节水的成功范例。其具体做法是，在种瓜时"以三尺瓦瓮埋著科中央，令瓮口上与地平，盛水瓮中，令满。种瓜，瓮四面各一子，以瓦盖瓮口，水或减增，常令水满"。使用该方法可以保证水分不断地向四周均匀渗透，保持合适的土壤湿度，持续地为农作物提供水分供应，为未来滴灌技术的发展提供了很好的借鉴。

在病虫害防治方面，氾胜之主张从种到收的系统防治，他强调要从种子储藏抓起，保持种子干燥，避免因湿度过大而引起种子发热，从而滋生病虫；在播种时采用溲种法，以减少苗期病虫害，他创造性地使用驱虫中草药"附子"等用于溲种，指出："至可种时，以余汁溲而种之，则禾稼不蝗"；追肥时，他倡导"以溷中熟粪粪之亦善"，借由"生粪"腐熟所产生的高温杀死粪便中的虫卵和病原。通过合理的轮作、间（混）作或套种改善田间生态，以减轻病虫的危害。他在《氾胜之书》中介绍了："区种瓜……又种薤十根……又可种小豆于瓜中""种桑法……每亩以黍、椹子各三升合种之"等间作混作之法，认为这种方法可改善农作物的生态环境，从而起到增肥、增产、除草和杀虫等多种功效。

在防治冻害方面，他介绍的拉绳除霜法，具有简单易行的特点，其具体做法是："植禾，夏至后八十、九十日，常夜半候之，天有霜，若白露下，以平明时，令两人持长索相对，各持一端，以概禾中，去霜露，日出乃止。如此，禾稼五谷不伤矣"。这种方式不仅能有效地防霜驱雾，也是对付小麦吸浆虫的好方法。他对灌水法预防冷冻灾害也十分重视，《氾胜之书》中就有"始种稻欲湿，湿者缺其塍，令水道相直"，以保持灌溉路线的一致性，让水温保持恒定，以减少霜冻的危害。

三是编撰了我国早期伟大的农学专著《氾胜之书》，留下了宝贵的农学知识和伟大的学术思想。

除了在农业技术发明和技术推广的突出贡献以外，氾胜之还经过不断地学习、刻苦钻研和系统总结，最终完成了影响深远的伟大农学著作——《氾胜之书》的编撰工作。该书共 2 卷 18 篇。可惜在北宋时丢佚。后来从《齐民要术》及《太平御览》等书中辑录了约 3 800 字存本。尽管如此，仍然被农学界推崇，并公认为我国早期最伟大的农学专著，它继承并发展了我国自战国以来的农学知识，系统总结了我国古代黄河中游流域劳动人民的农业生产经验，介绍了先进的作物栽培技术，创造性地阐发了精耕细作和生态农业思想，提出了备荒防灾的积极防御之策，对保证和促进我国农业生产沿着正确的方向发展，引领后代农学新风尚，都产生了深远影响。《氾胜之书》与北魏贾思勰的《齐民要术》、元代王祯的《农书》、明代徐光启的《农政全书》并称为中国古代的四大农书。并为后代的农学著作和农学研究提供了导引。该书不仅提出耕作的总原理和具体耕作技术，还列举了十几种作物的栽培方法，奠定了中国传统农学作物栽培总论和各论的基础，其写作体例也成了中国传统综合性农书的重要范本。从《齐民要术》到《农桑辑要》《王祯农书》，再到《农政全书》《授时通考》莫不如此。成书于 6 世纪初我国早期现存最完整的古代农学巨著《齐民要术》分别在 14 个篇章提及"氾胜之书曰" 19 次，"氾胜之术曰" 1 次，"氾胜之曰" 1 次，每次引用少则十几字，多则数百字，在介绍大豆和小麦种植方法时，还专门称为："氾胜之区种法"，由此可见作者对该书的重视。原书的体例现在虽不能确知，但早期称之为"氾胜之十八篇"，应当有其合理的编撰体例。书中"耕之本"所述六条基本原则体现的逻辑性和系统性，对后世有着深远的影响，不仅在众多古代农书中可见其运用，甚至成为新中国成立之初的"农业八字宪法"（即土、肥、水、种、密、保、管、工）的核心内容，足见其深刻的影响力。书中重点介绍的"区田法"。自汉以来，一直被广大的北方农区长期使用，学术讨论更是绵延至今。据张芳、王思明主编的《中国农业古籍目录》统计，专以"区田""区种"为题的著作有 32 种之多。日本学者如天野元之助、大岛利一等也都对氾胜之的区田法有过研究和推崇。唐贾公彦在《周礼疏》中评价说："汉时农书数家，氾胜为上"。

纵观氾胜之的一生，他之所以取得如此辉煌的成就，在于他对农业的热爱，对农业技术的痴迷，注重深入基层和调查研究，善于从民间种田能手那里吸收丰富的栽培经验，总结提升，并把其条理化、系统化和知识化，给后来的农学家和农业研究树立了光辉的榜样。

二、中国传统农学家的典范——贾思勰

贾思勰是中国古代最杰出的农学家之一，山东益都人，生活在公元 6 世纪的北魏末年和东魏时期，曾经做过高阳郡太守。他一生致力于研究农业技术，通过广泛的学习和不断的实践，以其丰富的经验和渊博的学识，系统总结了当时我国北方农业技术发展的主要成就，撰写出伟大的农学巨著《齐民要术》，被誉为中国现存最早的、较为完整的农业百科全书。该书结构完整、内容丰富，集实用性、先进性和系统性为一体，体现了农业的大局观和整体观，标志着我国传统农学体系的建立。作者注重生产需求、技术应用和经济效益的统一，重视生物和环境的相互联系，对生物遗传和变异、适应与改良、用地与养地等重大农学问题都有真知独到的见解，受到中国一代又一代农学家的推崇，也受到国际科学界的高度评价。

贾思勰出身于耕读世家，受家庭影响，幼时便喜欢读书，关注农业生产，丰富的知识积累和感情积累，为他日后编撰《齐民要术》打下了基础。成年以后，他开始走上仕途，曾经做过高阳郡太守等官职，并因此到过山东、河北、河南、山西等重要农区。每到一地，他都非常认真地了解当地的农业生产情况，考察和研究当地的农业特点和存在问题，向富有经验和专长的老农请教，获得了不少农业生产技术方面的知识。中年以后，贾思勰辞官回乡，亲自作起了农翁，开展农作物种植和畜禽养殖的活动；系统研读前人的农学专著，专心研究农业技术问题。真正达到了"采掇经传、爰及歌谣、询之老成、验之行事"的治学境界,在大量涉猎和广泛积累的基础上,通过分析、综合、整理和提升,形成了系统化的农学知识体系和颇具特色的农学思想,其主要学术贡献与特点体现在以下几个方面。

一是整体的自然观和全面的农业观。贾思勰把自然界看做是一个相互联系、相互影响的有机整体,认为农业生产是受到多种自然资源制约和生态环境影响的产业,因此他特别强调"因地种植"和"不误农时"的观念。他在《齐民要术》中指出:"得时之和,适地之宜,田虽薄恶,收可亩十石""顺天时,量地利,则用力少而成功多,任情返道,劳而无获""入泉伐木,登山求鱼,手必虚;迎风散水,逆坂走丸,其势难"。他主张要按照不同的气候、土壤和作物类型等,进行因地制宜、因时制宜的种植和养殖。他认为:只有充分尊重自然、顺应自然规律,才能实现农业的高产高效和可持续发展。贾思勰眼中的农业,是一个大的农业观念,不仅包括种植业、养殖业,也还包括农产品的加工业;他不光重视改土施肥等农耕管理,还重视农田水利、工具改良等基础性、长期性工作。他认为农业应是"起自耕农,终于醯醢,资生之业",同时强调农业内部各部分平衡协调发展,倡导农林牧渔并举的生态农业、循环农业和地上、地下、水中一体化的立体农业。

二是"用养结合"的辩证农业思想。贾思勰倡导"用养结合、集约节用"辩证农业思想,反对农业中短期行为和掠夺式经营。主张通过合理施肥、合理种植来实现用地与养地的结合,提高农业的整体效率和可持续发展水平。合理种植就是要通过轮作(指在同一块地上,有顺序地轮换栽培不同的作物)和间作套种(指几种作物同时有序地分布在同一块田里)等种植措施去实现土地的高效利用。他认为:不同的作物具有不同的营养偏好及对肥水不同的吸收利用能力,通过合理轮作和间作套种，有利于土壤养分的均衡充分利用，有利于地力的较快恢复，同时还能减轻与作物伴生的病虫杂草的危害。《齐民要术》不仅提出了相关技术要求，还介绍了一些行之有效的作物轮作和间作套种模式。贾思勰十分重视施肥技术，主张要根据作物生长需要和土壤供给情况及时地施用肥料。他倡导使用经过腐熟的人和动物的粪便，以减少烧苗烧根和传播病害；倡导种植绿肥，强调通过种植豆科植物来提高土地肥力，实现土地"自养"与"异养"的有机结合。他指出："凡美田之法，绿豆为上，小豆、胡麻（即艺麻）次之。悉皆五六月中种，七月八月犁掩杀之。为春谷田，则亩收十石，其美与蚕屎、熟粪同。"这种通过轮作栽培豆科绿肥的方式来恢复和提高土地肥力的办法，是对中国农业发展的一大贡献，也是世界农业史上的伟大创举。西方国家直到18世纪初，才开始认识到种植豆科绿肥对改良和培肥土壤的重要意义。

三是重视调查研究和实践验证工作。贾思勰非常重视实地调研和亲身实践，善于在调查中发现问题，在实践中解决问题。《齐民要术》中记述了他养羊的一段经历，写道："余昔有羊二百口，茬豆既少，无以饲，一岁之中，饿死过半。"继而又写道："羊一千口者，三四月中，种大豆一顷，杂谷并草留之，不须锄治。八九月中刈作青茭"。提起这件事，还有一些曲折的经历。说是贾思勰为了掌握养羊的技术，亲自饲养了200只羊，开始由于不了解饲料配比，一年之中饿死了一半。后来他认识到了饲料的重要性，就种了一些大豆，以保证充足的饲料营养，但还是经常有死羊的情况发生。于是他就找到一个老羊倌求教，老羊倌在仔细询问了他养羊的情况后，帮他找到了死羊的原因。原来是：羊都比较爱吃清洁的饲料，如果把饲料随便扔在羊圈里，羊在上面拉屎撒尿，踩来踩去就把饲料给弄脏了，羊宁可饿死也不愿意吃被污染的饲料。贾思勰在老羊倌家里一连住了几天，认真察看老羊倌的羊圈布局，观摩老羊倌的饲养方法，请教老羊倌的饲料配比、卫生保证等一些技术问题。最后他不仅学会了养羊，还根据自己理解和后来积累的经验，总结出一套养羊的技术要点。

贾思勰足迹并未局限于家乡附近，而是遍及山东、河南、河北、山西等广大的地区。按照他的说法，就是"智如禹汤，不如常更（指经历）"，就是说即使你有夏禹、商汤那样开国帝王般的智慧，也不如亲自从实践中得到的知识来得可靠。《齐民要术》介绍的农作方法他大多都亲自观察过、实践过，即使是技术性比较强的"作酢法"，他都要亲自试上一试。他认为如果没有可靠的调查求证或实践验证，就像隔靴挠痒，不得要领。正因为此，他才为求真知而不辞劳苦。有个例子很能说明贾思勰的实践和求知精神。一次，他在青州的堂兄家里发现了一株从没见过的花树，只见其青枝绿叶，繁花似星。他好奇地询问有关情况，堂兄告诉他："这是一株从南方引来的花椒树。两年前，从四川带回种苗栽在这里，也没怎么过问，想不到竟长得这么好。"贾思勰想了一下说道："过去农书上说，花椒畏寒，不适合在北方种植，你是用什么办法御寒的？"堂兄回答说："这植物也应该和人一样，也有一定的适应能力，慢慢适应在陌生的地方生长。这花椒树第一年冬天需要用草包裹，第二年长大了不少，就没有再包，看来也许是适应了这里的气候水土。"贾思勰听后很受启发，决定要亲自试验一番。于是让堂兄带些花椒种苗到他任职的河北高阳来，他亲自把花椒苗栽在庭院的花坛里，以便随时观察。哪知道这花椒树在青州花朵累累，在高阳竟然不能开花。他由此意识到"引种问题是大有讲究的"，需要经过实地检验才能下结论。这也使他联想到自己当年在并州任职的情况，那里的芜菁长得特别好，块茎长得像碗口一样粗。当地老农告诉他并州（今太原附近）的土地和气候特别适合芜菁这类作物的生长，而种大蒜就不太行。村民们从朝歌（今河南鹤壁市）买来的蒜种又大又饱满，种在并州，生长的就不是太好，结出来的都是细小的百子蒜，味道也不如朝歌的好。贾思勰把这些实践中的问题和思考都写进他的《齐民要术》里，并且用"习以性成"这四个字予以高度概括。遗憾的是他没能就这些问题进行深究细研，以至于错过了揭示"引种规律"的良机。

四是"博采众长、自成一体"的治学精神。贾思勰除了认真学习吸收前人的典籍和农书中的精华，还大量搜集流传下来的农谚，更注重总结同时代农民的生产经验，既做到了博采众长，而又能进行辩证思考，不拘泥前人，力争有所创新与丰富。正是这种治学精神才成就了《齐民要术》之不朽之作。全书虽然只有十卷92篇，约11万字，但引用前人著作多达150种以上，其中经部30种，史部65种，子部41种，集部19种，无书名可考的还有数十种；记载的农谚30多条。几乎每一篇中都有对前人文献的引述，既记录了前人著作之精华，做到了有据可查、有迹可循；又能对其不足之处予以指出和评述，引古论今，继往开来。西汉时期的农学大作《氾胜之书》就是通过《齐民要术》摘引的方式而使其精华得以留存的（全书已失传）。陶朱公的《养鱼经》等佚籍亦是以这样的方式被部分保留下来。通过历史文献的征引，可以使人明晰农业科技的发展脉络与传承关系。当然对存疑之处，他也毫不隐讳的予以指出。比如在引用《氾胜之书》"种谷第三"的段落时，就对其"凡九谷有忌日，种之不避其忌，则多伤败"的错误看法予以纠正。也对《史记》中"阴阳之家，拘而多忌"的观点予以了批驳，表明了其"不可委曲从之"的坚定主张。

《齐民要术》不仅继承和保存了以往的农学知识的精华，还给中国农学宝藏添加了许多具有时代意义的新内容。比如在作物种植的选留良种方面，书中记载了谷物的品种 97 个，黍 12 个，穄 6 个，粱 4 个，秫 6 个，小麦 8 个，水稻 36 个（其中糯稻 11 个）。在 97 个粟的品种中：有 11 个转自前人记载，86 个是贾思勰自己搜集补充进去的，并对其主要农艺性状进行了准确的描述，提倡建立专门的种子田，对种子实行单种、单选、单收、单藏，以确保种子的纯度与质量。他特别强调良种良法的结合，提出要在改造土性、熟化土壤、保蓄水分、施肥肥田的基础上，做到适时播种，提高出苗质量，加强中耕、除草等田间管理工作。为中国特色"精耕细作"技术体系的完善作出了巨大的贡献。

除了种植业以外，《齐民要术》还系统总结了我国 6 世纪以前家畜家禽的饲养经验，把我国的畜禽养殖技术向前大大地推进了一步。全书用 6 篇分别叙述饲养牛、马、驴、骡、羊、猪、鸡、鹅、鸭、鱼等的技术方法。强调役畜使用要量其力能，饮饲冷暖，适其天性，雌雄比例要保持合理（比如鹅一般是 3 雌 1 雄、鸭 5 雌 1 雄的比例较为合适等），总结出"食有三刍，饮有三时"的饲养经验。贾思勰还搜集记载了兽医验方 48 例，涉及外科、内科、传染病、寄生虫病等方面，如直肠掏结术和疥癣病的治疗方法等都是非常专业的技术操作，不是行家里手很难说清楚，足见其知识丰富、专业精湛。

《齐民要术》的另一个显著特色在于它把农产品加工、酿造、烹调、贮藏等技术放在一个大的农业技术体系里加以考察和论述，认为食品加工也是大农业中不可分割的重要部分。我国的酒、酱、醋等虽然发明很早，但真正详细而又严谨地记录其制作过程（工艺）的，还是《齐民要术》的贡献最大。它把我国独特的制曲、酿酒、制酱、作醋、煮饧（糖稀的意思）以及食品保存和加工工艺都进行了翔实记述，其记述之明确，语言之专业，内容之广泛，令人叹为观止。比如在记述用豆子做酱的同时，还同时记载了肉酱、鱼酱、虾酱等的制作方法。书中介绍的"作菹藏生菜法（即鲜菜冬贮法）"至今仍在我国北方农村沿用，这也为研究我国食品加工行业的技术史，留下了珍贵的资料。

贾思勰不光重视农业技术本身，也重视技术的综合运用和经济效益的实现。比如在栽种蔬菜瓜果、植树营林、养鱼、酿造等篇中，除了介绍技术要点之外，还要求人们要合理布局、多种经营和多层次利用，甚至还就蔬菜的种植搭配与茬口运筹提出了具体意见，他认为在10亩（1亩≈667平方米）左右的土地上，如果能妥善安排好葱、瓜、萝卜、葵、莴苣、蔓菁、芥、白豆、小豆等作物的精细种植计划，就能够"实现周而复始、日日无穷"的周年产销，有利于经济效益的提高。

贾思勰十分强调种植业、养殖业、林业、加工业间的密切联系，既关注其特殊性又强调其普遍性和统一性，这在中国农业科学技术史上具有首创的意义。自《齐民要术》以后，中国著名的农学古籍大多参考了其体类和范式，如元代《农桑辑要》《王祯农书》、明代的《农政全书》以及清代的《授时通考》等，这几部大型农书均取法于《齐民要术》，并以书中的精练内容作基本骨架，进行拓展或延伸。《齐民要术》书中所载的种植、养殖技术原理原则，许多至今仍有重要的参考借鉴作用。

《齐民要术》在国外也有广泛的传播，并得到很高的评价，进化论的创立者、19世纪英国伟大的生物学家达尔文在《物种起源》的巨著中感叹道："如果以为选择原理是近代的发现，那就未免和事实相差太远……在一部古代的中国百科全书（系指《齐民要术》）中，已经有关于选择原理的明确记述。"日本学者神谷庆治在西山武一和熊代幸雄译著的《译注校订齐民要术》一书序文中写道:"即使用现代科学的成就来衡量,在《齐民要术》这样雄浑有力的科学论述前面,人们也不得不折服。"他还指出:"在日本旱地农业技术中,也碰到春旱、夏季多雨这样的问题,而现在所采取的最先进的技术理论与对策,和《齐民要术》中讲述的农学原理,几乎完全一致,如出一辙。"熊代幸雄曾把《齐民要术》中旱地耕、耙、播种、锄治等项技术,与西欧、美洲、澳大利亚、苏联伏尔加河下游等地的农业措施,作过具体比较,肯定《齐民要术》旱地农业技术理论和技术措施在今天仍有较强实际意义。

当然,由于时代的局限性,贾思勰在《齐民要术》一书中难免会夹杂一些唯心的封建迷信思想,比如"在东边栽九棵桃树,可以多子多孙""吃枣核仁二十七斤,可以避疾病"等。但瑕不掩瑜,他在世界农学史上的重要地位是永远不可撼动的。

三、农艺农具结合的典范——王祯

王祯,字伯善,元代山东东平人。生活于13—14世纪。他博学多识,才华横溢,不仅是一位出色的农学家,而且是一位精巧的机械设计制造家,还是一位浪漫的诗人。王祯的家乡山东东平,地处黄河下游,自古以来就是经济文化比较发达的地区,有悠久的农作传统和先进的农耕文化。当时的名士李昶、王磐、徐士隆、李谦等都曾在东平先后设帐授徒,培养了徐琰、申屠致远、孟祺等一批东平名人。其中孟祺曾在1270年前后出任劝农副使,并参与《农桑辑要》的编撰工作,对王祯影响较大,他开始认真研读《农桑辑要》,对农业产生活动也产生了极大的兴趣，收集并大量阅读了多种农学著作，尤其对氾胜之和贾思勰的"农本思想"深为信服，密切关注着农业技术的发展和应用，立志要在农业上作一番贡献。元贞元年（公元1295），他任旌德（今属安徽）县令期间，大力倡导种植桑麻黍麦，推广先进农具，教授农民种植技艺。由于旌德的耕地大部分是较高的山地，灌溉问题突出。有一年正碰上干旱，浇不了水，眼看禾苗快要旱死，农民心急如焚。王祯急农民之所急，亲自到田间地头查看旱情，他注意到许多低处的河流溪涧里是有水的，只是提不上来。他想起家乡东平有一种提水翻车，可以把水提灌到高处。于是他依据家乡所见和书中所学，结合当地的特点，创制了水转翻车的草图，立即召来木工、铁匠迅速赶制，组织农民抗旱，通过使用水转翻车使旌德县几万亩山地的禾苗得救。这使他深刻认识到先进农具的重要性，更加留心农事和农具，更加专注农业技术的学习与研究，并且"亲执耒耜、躬务农桑"，通过实地的调查和切身的体验，积累了丰富的农业知识和实践经验，并努力应用于指导当地的农业生产中。他不仅注意推广农作物从种到收的先进技艺，还通过研制推广先进的农具，以减轻农民的劳动强度，提高农业生产效率。他认为，作为地方的基层官员，应该具有一定的农业生产知识，熟悉当地的土壤气候，否则就无法担负起劝导农桑的责任。因此，他每到一地，总是先进行调查研究，传播适用的农业技术，引进农作物的优良品种，推广先进的农具。在江西永丰县令任上，他甚至还自己购买桑苗和棉种，无偿地分发给农民，亲自指导他们种植。因此旌德、永丰两县农民民众对他十分亲敬，生产中遇到的问题也乐于向他请教，并和他一起探讨适应当地的农具改良问题。这使他切身感受到了农民对农艺、农具等多方面的需求，他下决心要撰写一本涵盖南北方耕作技术、兼有农艺和农具内容的综合性"农书"。于是他一边大量搜罗历代的农书，孜孜不倦地研读；一边注意考察各地的农事操作和各种类型的农具，历时 9 年，最终在公元 1313 年完成了农书的写作和出版，全书 13.6 万字左右，插图约 300 幅。既继承了前人在农学研究上所取得的重要成果，总结了元朝以前南北方农业生产的实践经验；同时又开拓了农艺和农具融合的新境界，在中国农学史上占有极其重要的地位。其主要特点和贡献如下。

一是全面构架了广义农业的知识体系。王祯全书共囊括了《农桑通诀》《农器图谱》《百谷谱》三个有机互联的组成部分。《农桑通诀》为其首部，重点介绍了农事和蚕桑的起源，论述了广义农业的内容和范围，系统阐述了"顺天之时、因地之宜、存乎其人"的农业发展指导思想，强调了农业生产中"时宜"和"地宜"的重要性，并在"授时"和"地利"两篇中重点探讨了农业环境的复杂性和农业生产的规律性，并对影响农业产量和质量的各要素进行了全面论述，既包括了垦耕、耙捞、播种、锄治、粪壤、灌溉、收获等种植专篇，也包括"畜养""蚕缫"等养殖专篇，涉及林、牧、副、渔等广义农业的各个方面，其构架之宏大、内容之丰富，超出以往的农书。更为难得的是它放眼全国，兼论南北农业。此前的几部重要农书，《氾胜之书》《齐民要术》《农桑辑要》等，都是总结北方旱作农业生产经验的著作，而《陈旉农书》又是专论南方农业的，只有《王祯农书》才真正实现了兼顾南北，它在对南北农业技术以及农具的异同进行了深入细致地分析和比较的基础上，重点明确了各项技术的功能特点和应用范围，因此对南北农业的发展都具有很强的指导性。这既与他的眼界和博学有关，更与他丰富的阅历和经验有关。王祯早年成长在我国古代经济文化比较发达的黄河下游齐鲁之地，后又长期在南方多地做地方官，这使他对我国南北方的农业生产都比较熟悉，所以能从全国范围对农业生产的特点进行全面系统的总结。另外，作为地方官，他不光要关心种植业和养殖业，还要关心林业、渔业和副业等大农业的均衡发展。在发展林业方面，《王祯农书》从历史经验和教训的高度阐述了林业发展的重要性。他指出："木奴者，一切树木皆是也，自生自长，不费衣食，不愁水旱，其果木材植等物，可以自用，有余又可以易换诸物；若能多广栽种，不惟无凶年之患，抑亦有久远之利焉"。并对栽桑、种果和材木等方面作了重点论述。不仅介绍了桑树和果树的六种嫁接方法：即身接、根接、皮接、枝接、叶接、搭接，还就常见的果树和林木的栽培管理方法提出了技术指导。在畜牧业发展方面，王祯认为"子欲速富，当畜五牸"，他不仅系统总结了前人饲养马、牛、羊、猪、鸡、鹅、鸭等的经验；还就其疾病的防治方面，给出了具体指导，就牛马来说，他提出"勿犯寒暑""勿使太劳""节其作息"等方面注意事项。在养猪方面，他也总结了不少新经验，提出利用江南水地的"萍藻"和江北陆地的马齿等作为新的饲料来源或补充，大胆开发了"发酵饲料"的新方法，指出："用之时，锉切，以泔糟等水，浸于大槛中，令酸黄或拌麸糠杂饲之"，对畜牧业的饲料拓展作出了重要贡献。同时也在养蚕、养鱼、养蜂等方面，均有诸多创新论述。

总之，王祯所构建的农学知识体系，是一个较为系统、全面和广义的农业知识体系，是集思想观念创新、技术方法创新和器具改良创新的统一体。

二是开创了农艺农具融合的新境界。《农器图谱》是全书的亮点之一，图文并茂，具体生动，与《农桑通诀》和《百谷谱》两部分结合，体现了"方、物、器"的有机统一。当时的大文豪戴表元在为王祯的《农书》作序时说："凡麻苎禾黍牟麦之类，所以莳艺芟获，皆授之以方；又图画所为钱镈耰耧耙扒诸杂用之器，使民为之。"戴氏将《农桑通诀》的内容概括为一个"方"字，将《农器图谱》内容概括为一个"器"字，认为是王祯使"方与器"实现了真正的结合。后代的阎阂（明代）在给王祯《农书》作序时，又把《百谷谱》中所阐述的内容概括为一个"种"字，序中说道"今简王氏书，首以通诀，继以器谱，而终以诸种。"由于"物"字所涵盖的内容比"种"字所涵盖的内容更丰富和贴切一些，所以此后的人们以"物"字取代了"种"字。这样《王祯农书》的三个部分就囊括了"方、物、器"为一整体，实为集成完备之典范。所谓"方"，就是各项农业技术的总称，是人们为协调农业生物与环境条件的关系所采取的农业措施；所谓"物"是指根据各地的"风土"条件选用适宜的作物、品种和肥料等物质投入；所谓"器"是指完成各项农艺操作和物质投递所必需的农业器械；只有三者结合才能真正构成全面推动农业整体发展的合力。在《王祯农书》以前，影响巨大的农书如《氾胜之书》《齐民要术》《陈旉农书》《农桑辑要》等均没能将农具整体纳入，而专门论述农具的书又孤立分散且为数极少，唐代陆龟蒙的《耒耜经》，主要介绍的农具则以江东犁为主，兼及耙、砺、礴等几种水田耕作农具，且有释无图，难以指导营造；南宋曾之谨所作的《农器谱》，所收的农具也不多，且无图示，已失传；只有《王祯农书》首次将农具全面、系统地纳入了农书的知识体系，涉及的农具二十多类，计105种，而且图文并茂，内容极为全面，开创了农艺农具融合的新境界，对后世影响巨大。以至于后来的农书如《农政全书》《授时通考》等，都详尽引述了《王祯农书》的农具内容。

王祯常常把几种作用相同、形制相异的农具放在一起加以叙述，以便于人们比较采用，指出："今并载之，使南北通知，随宜而用，无使偏废";而更多的是对不同的农具进行分类研究,从它们的发展历史、工作原理、形制构造、适用范围和操作方法都作了详细介绍,尤其是以图画的表现形式,把应用场景和形制结构融为一体,极富表现力和宣传力。图谱对新发展的农具进行了重点的宣介,一是用于水田耕耘的新农具,如铁搭、秧马、耘荡、耘爪等;二是用于旱地耕作的新农具,如耧锄、镫锄、粪耧、瓠种、砘车等;三是用于收获的新农具,如推镰、麦绰、捃刀、鉴刀等;四是用于灌溉的新农具,如龙骨车、水转翻车,牛转翻车、筒车和高转筒车等;五是农产加工新机械,如连二水磨、水转连磨、水击面罗、水轮三事等。以上这些新农具,如水转翻车、牛转翻车、水轮三事、连磨、水砻、高转筒车等,都融进了王祯的创新灵感和创造智慧。王祯不仅认真搜罗和形象地描绘当时通行的农具,还将古代已失传的农具经过考订研究后,进行了复原和创新,显示了其在农具设计制造方面的深厚造诣,如西晋(公元265—316年)刘景宣创制的用一牛拉动"转八磨之重"的奇巧之磨,久已失传,但王祯经过认真研究和查找资料,使之复原,并再现活力,取名为"连磨"。他更热衷的是在复原基础上的创新,如东汉时南阳太守杜诗发明炼铁用的"水排"鼓风设备,到元代时已经失传,王祯经过长期反复研究,终于搞清了"水排"的构造原理,并绘图复原。在复原使用的过程中,他感到应用还不大方便,就把原来用皮囊鼓风,改为类似风箱的木扇鼓风。这样既节省了费用,又减轻了劳动强度,提高了冶炼效率,意义重大。他创制的"水轮三事"最为精巧,具有磨、砻、碾三种功能,充分展示了其发明家的匠心。

三是兼顾南北方农业特点,进行分类研究和指导。王祯根据全国各地的气候变化、风土人情和农业特点,创制了《全国农业情况图》和《授时指掌活法之图》,前者帮助人们辨别土壤、认识作物,因地制宜地发展适应性农业。后者，把星躔、季节、物候、农业生产活动等巧妙地融为一体，并以季节流转的物候所示，指导各地不失时机地进行农事活动。农书中的《百谷谱》，不仅包括了谷属、蔬属、果属、竹木、杂类等南北农作物，还尽可能地描述了其生物学特性、适宜地区和栽培管理要点。王祯还对北方旱地和南方水田的耕作体系作了新的概括。把北方旱地的耕作体系概括为"耕、耙、劳"，正所谓"其耕种陆地者，犁而耙之，欲其土细，再犁再耙，后用劳，乃无遗功也"，并采取内外套翻法，以减少开闭垄，这是依据北方的农作特点对旱地耕作体系的新概括；还依据南方水田的特点，将其耕作体系概括为"耕、耙、耖"，即所谓"耕毕则耙，耙毕则耖，故不用劳"，并指出南方稻田在收稻之后复种麦作时，"最忌水湿"，要注意开沟排水，二麦既收，然后平沟畎，蓄水深耕，以利稻作。并针对南方各地出现的围田、圩田、柜田、涂田、架田、沙田、梯田等几种特殊的土地利用方式，推荐不同的引水方法。这种因地制宜的耕作措施，有力地指导了不同地区的农业生产。当然对一些共性的农业问题，也进行深入的比较和探讨，如关于让蚕上蔟作茧的蔟蚕方法南北方虽有明显差别，但比较说来南方屋内蔟的办法较之北方屋外露蔟的方法要合理一些。因此，他主张南北方要多开展技术和种质的交流，通过互利、互补共同提高农业生产的水平。

四是继承和发展了生态农业观念。王祯强调"天、地、人、物"和谐与统一的思想，提倡尊重自然、顺应自然、保护自然，因地制宜、因时制宜地发展农业生产，这在其农书的"授时篇""地利篇"和"孝弟力田篇"中都有明确的体现。王祯在"授时篇"中创制的"授时图"，把季节、物候和农事活动融为一体，指出："四季各有其务，十二月各有其宜。先时而种，则失之太早而不生；后时而艺，则失之太晚而不成"。不顺应自然，先时和后时，都会招致损失，甚至完全失败。在"地利篇"中，王祯提出了"风土"的概念，即所谓"风行地上，各有方位，土性所宜，因随气化，所以远近彼此之间风土各有别也"。风土观念中的"风"代表气候条件，而"土"代表土壤条件。"风土"观念的提出，强调了农业生产要受到外在环境特异性的影响。不同地区和不同土壤条件下有不同的"风土"条件，因之适宜生长的物种也就因之而异。正所谓"九州之内，田各有等，土各有差，山川阻隔，风气不同，凡物之种，各有所宜"。因此，在农业生产中只有遵循农业生物和环境条件协调一致的原则，才能实现农业的良性发展。王祯也特别重视农业内部各产业的协同，主张走农林牧相互促进、协调发展的道路，他认为通过植树造林不仅可以解决人们的经济问题，同时还可以改善生态，防止自然灾害，保护了人们生活的家园。利用野生植物发展畜牧业，不仅可以改善人们的膳食结构，而且可以多积肥，保障种植业的良性循环发展。他继承并发展了保持地力常新的思想，对农家肥的种类，积制方法和施用特点做了详尽的描述，非常重视如粪肥、绿肥、草肥、苗肥等"肥田之法"，称栽培绿肥（又叫作"苗粪"）能够实现"以地养地"；称野生绿肥为"草粪"，提倡将杂草树叶等用于积肥沤粪，"易胜畦埂，肥积苔华"。并进一步指出："夫堨除之猥，腐朽之物，人视之而轻乎，田得之为膏润，唯务本者知之"。以实现"废物利用""地力常新"，保持农业的永续发展。

王祯是农学家中的全才和通才，也在诗文和活字印刷方面有深厚的造诣，更是一位深受人民群众爱戴的地方官。

四、中国古代第一位睁眼看世界的
农学家——徐光启

明代农学家徐光启,生于 1562 年的一个商人之家。徐光启的父亲(思诚)中年时生意败落,为维持生计,开始"课农学圃",成了一个靠种地为生的农民。为了学习种田,父亲经常要到老农家请教耕作知识,有时也会带上儿子光启。幼小的光启在农家小院的藤架下、篱笆边,常听老农给父亲讲解耕耘、播种、施肥等方面的经验,也常听他们抱怨水旱蝗灾的危害。光启有时也参加一些辅助性的农业劳动。童年时代的生活经历,在不知不觉中培养了他对农业和农民的感情,激发了他对农业知识的兴趣和追求。据说,有一次到了吃饭时间却不见光启,父亲喊着儿子名字到处寻找,最后在棉田找到了他,光启正在田里给棉花整枝打杈,田头上堆了一堆打下的棉枝和嫩芽。老人家顿时勃然大怒:"好好的庄稼,你给毁了,哪有这么败家的娃!"光启听见父亲的叫喊声,赶紧跑了过来解释说:"父亲,你别着急,我现在是做试验,想让咱们家的棉花提高产量。"父亲生气地说:"我种了多年的庄稼,难道还不知道种田的道理?你这样把棉枝给弄断了、棉芽给摘掉了,还怎么挂桃?"光启答道:"放心吧父亲,我看您种的棉花产量不高,就帮您找找问题。其实,棉花不用长得很高,枝条也不需要过多。有的枝条上面不结棉铃,就要早点除去,把营养留给其他的棉铃。还有这下面的棉铃已经很大了,上面的新生的棉铃却很小,生出太迟了,不会吐出棉花来,还不如提前去掉的好。"父亲听他说得在理,也就不生气了。喃喃地说道:"那你就先拿这三分地做实验,等收成了看一下产量再说吧。"嘴上说着,父亲心里暗自高兴,看来这个孩子是个爱动脑筋的好后生。纵然家中贫穷，父亲还是坚持让光启继续读书。光启也知道家人送自己读书不容易，所以愈加勤奋，还经常利用空余时间帮家人做农活。遇到农活中不懂的问题，就去请教有经验的老农，或是从农书中寻找答案，但到最后他都要亲自试一试，并注意在实践中改进和提高。这样的耕读生活，虽然清苦平淡，但在他的内心深处，逐渐形成了兴农安邦的宏伟志向。由于他学习刻苦努力，19岁时（1581年）便中了秀才，可谓少年得志。但在此后的乡试中却屡考不中，备受磨难。于是他只能一边教书养家，一边继续过着耕读生活。这反倒使他没有过早陷入官场的纷争，有更多的时间和机会接触乡村实际，正是在生存的劳作和学习中，使他积累了丰富的实践经验和理性知识，锤炼了求实、坚忍、奋进的思想品格。1596年，徐光启因随雇主做家教远行到浔州，从长江三角洲的江南水乡到林木丛生的偏僻大庾岭，途经数省，各省的农业、水利和风土民情，使徐光启大开眼界，也为他学习和研究自然提供了一个生动的课堂。以至于他后来深情地回忆："余生财赋之地，感慨人穷，且少小游学，经行万里，随事咨询，颇有本末。"足见他对民生自然的热切关注和对学习体察的异常用心。1597年，徐光启在经历了数次失败后，又一次鼓足勇气参加了乡试，幸遇伯乐主考官焦竑慧眼识才，才使得徐光启脱颖而出。接着又进士及第，入仕为官，摆脱了生活窘迫的局面。1600年春天，他专程去南京拜访恩师焦竑，意外地见到了天主教耶稣会传教士利玛窦（Matteo Ricci）。徐光启先前曾见识过利玛窦绘制的世界地图《山海舆地图》，知道他是一位来自西方的博学之人。所以这次相见，两人从天文到地理，从数学到测绘学，谈得十分投机。利玛窦凭借自己渊博的自然科学知识，为他讲述了西方近代科学实验所取得的重大成就，并把自己从欧洲带来的钟表、三棱镜、天文仪器等展示给徐光启看，徐光启被西方的科学技术深深吸引。正是这次见面，让两人一见如故，互相倾慕，成了忘年之交的朋友。徐光启从此如饥似渴地学习西方的科学技术，研究并翻译西方的科学书籍，对不懂的问题虚心向传教士们请教，使他逐步领略到了科学精神和科学方法的精髓，成为第一个睁眼看世界的中国知识分子。

他立志要把科学思想和方法应用到自己的农业研究中，尤其重视科学实验的作用。1607 年，徐光启回沪为父居丧。丁忧期间，他在上海城西的三河交汇地带开辟了一处农地，进行农业科学实验，他不仅研究土地开垦、水利灌溉、积肥施肥、耕种栽培等农艺技术，同时还注意收集和开发农业种质资源。丁忧守制的第二年（1608 年），长三角地区突发洪水，赤野千里，饿殍遍地。徐光启急灾民之所急，全力引进救灾救荒的作物。当他得知高产作物甘薯在福建种植成功的消息，于是便通过朋友紧急从福建运来甘薯种苗，先在自己的"双园农庄"中进行种植试验。经过实验，证明甘薯是救灾救荒的理想作物。不仅可以在上海种植，而且只要种植得当，还能够在瘠薄的土地上获得高产。于是，他很快写下了《甘薯疏》，向朝廷建议在灾区推广甘薯种植。在《甘薯疏》中，徐光启全面总结了自己试种甘薯的经验，系统介绍了甘薯栽培的技术要点，归纳出"传种""种候""土宜""耕治""种栽""壅节""移插""剪藤""收采""制造""功用""救荒"等一系列行之有效的做法，被后人称之为"松江栽培法"。自1613 年起，徐光启继续把甘薯向北方引种，经过多次在天津农庄里的对比实验，最终也获得成功。此后甘薯在全国得到迅速推广。无论是在上海的双园和还是在天津的农庄，他都能够"躬执耒耜之器，亲尝草木之味"，通过实验积累经验和数据，再加以深入地研究，寻找规律，得出结论。这种以实验为先导的科学研究方法，推动着我国农学由经验为基础的传统农学向以实验为基础的现代农学转型。

对肥料的系统实验更能彰显其研究特色。徐光启在其《农书草稿》中不仅介绍了速成肥料"熟粪法"的原理，还对制作的配方、设备和过程进行了实验优化。他用大小不同的缸作为蒸锅，缸内放入人粪尿若干，加上木盖，放在火上煮透后，与干燥的泥土或谷糠等相混合，制作速效肥料。后来，他又试着在大粪中加入动物骨头、毛发等制作营养更为丰富的熟粪，使肥效更加全面，既能提高产量，又可以提高作物的抗性。不仅如此，徐光启还在制作"粪丹"（又称之为"药肥"）上下了一番功夫，不仅可以作为肥料使用来提高地力，同时还能起到防治田间虫害的作用。他在实验中所表现的求新求变的创造精神，是值得我们学习和称颂的。

徐光启非常注重对经验和事实的科学分析与规律总结，并在系统性解决问题上下功夫。这可以从他主持的蝗虫防治工作中得到证明。为了治理危害农业的蝗灾，徐光启几乎查遍了史料上一百余次蝗灾发生发展的记载。经过细心的归纳，他发现蝗灾发生时间都在农历4—9月，特别是7—8月出现的频率最高。这时正是各种庄稼茂盛生长和开花结实的季节，食材丰富，能很快酿成大灾。从爆发的区域规律看，黄河下游为多发易发区，以"幽涿以南，长淮以北，青兖以西，梁宋以东"的地区较为频发，尤以干旱少雨而干涸的湖泊地区，其危害最为严重。在掌握了蝗灾发生的时间和区域规律后，他又着手调查蝗虫的生活习性，并注意到："蝗初生如粟米，数日旋大如蝇，能跳跃群行，是名为蝻。又数日即群飞，是名为蝗。……又数日，孕子于地矣"的事实。进而弄清了蝗虫从发生、泛滥至消亡的全过程。针对蝗虫的发生发展规律，他提出从虫卵期开始灭蝗的策略，彻底消灭蝗虫滋生的环境，割掉低洼积水处的水草，以清除蝗虫产卵场所，尽可能将蝗虫消灭于萌芽的状态。一旦发现有漏网虫卵的形成，就要通过撒草木灰等进一步进行土壤处理，阻止虫卵孵化成幼虫。再有漏网者可进行挖沟扑杀和毒物诱杀。通过这样的早期防治、层层截杀，一般都能够取得比较理想的防治效果。不仅如此，他还提出调整种植结构，种植蝗虫不食用的芋、桑、豌豆、绿豆、芝麻等农作物，构筑生态防治屏障。这是我国历史上第一次关于蝗虫防治的系统性研究和科学防控的技术方案，对后世的蝗虫防治影响极大。从中也能体察出徐光启善于调查研究、善于科学分析和寻找规律、善于创造性解决难题的科学家品质。

另外，徐光启也是善于学习吸收西方先进科技的典范。他和意大利耶稣教会的熊三拔合作译著的《泰西水法》，详细介绍西方先进的水利技术，全书共 6 卷，译成于明万历四十年（公元 1612 年）。对我们学习借鉴西方的水利技术，提高我们农田灌溉的科技水平，是大有裨益的。

当然，徐光启对农业的最大贡献莫过于《农政全书》的编撰。该书既是徐光启长期实践和调查研究的总结，也是他倾注毕生精力钻研农业科技的成果，更是他利用科学方法进行实验分析的尝试。全书共60 卷，50 余万字，分 12 个门类，其中《农本》3 卷，《田制》2 卷，《农事》6 卷，《水利》9 卷，《农器》4 卷，《树艺》6 卷，《蚕桑》4卷，《蚕桑广类》2 卷，《种植》4 卷，《牧养》1 卷，《制造》（食品加工）1 卷，《荒政》18 卷。该书内容丰富，知识门类齐全，在我国古代农业图书中占有十分重要的地位。

《农政全书》真实地反映了徐光启的学术风格与研究特色。

一是"博采众家、兼出独见"的治学特点。所谓"博采众家"，就是能细心倾听"村夫"之言、潜心学习多科知识。徐光启从十几岁开始，就醉心于学习农业，春种秋收，无不留心；从南到北，遍访能手。并把他们成功的经验和技术诀窍，随手记录下来，年长日久，积累了丰富的资料。同时他还勤于阅读，不放过能够收集到的农业书籍和相关资料。据统计，《农政全书》一共引用了225种文献（尚不包括未注明征引来源的文献），可以毫不夸张地说，它是当时中国农学遗产的总汇，集中了已有农书之精华。所谓"兼出独见"，是指徐光启能充分运用自己在北京、天津、上海等地从事农业科学研究和试验所取得的最新成果，对前人未尽或不周的工作进行了必要的补充或更正，把个人的研究成果和前人的经验很好地融为一体。他在书中提供的新资料、新方法大都是经过自己反复验证的东西，可靠性很高。比如他在书中列举的上百种在荒年可以用来充饥的野生植物，他都亲口尝过、亲自试过。正因为这样，《农政全书》才被后人如此推崇。

二是破除成见、大胆变通的创新风格。他对我国古代的农书中所谓的"风土之说"进行了客观分析，认为农作物的种植分布虽然受到地域、风土、气候等因素的影响，但也不是不可改变的。他尖锐地指出："所谓悠悠之论，率以风土不宜为说，呜呼！此大伤民事，轻信传闻，捐弃美利者多矣！"他认为一定的地域、风土、气候等固然与农作物的正常生长关系密切，但也是可以改变的，通过实验和适应性锻炼，是有可能会被引入异地而繁荣。他把福建的甘薯成功地引进上海，把南方的水稻等成功地引入天津，就是成功的例证。

三是严谨求实、不耻下问的良好学风。徐光启是一位谦虚谨慎的学者，《农政全书》是一部严谨的农学著作。书中辑录的古代农书资料，他都曾一一加以核实验证。他的儿子徐骥评价他："考古证今，广谘博讯，遇一人辄问，至一地辄问，问则随闻随笔，一事一物，必讲精研，不穷其极不已。"不管是在什么时候，什么地方，遇到什么人，他都能够"虚访勤求",不耻下问,甚至拜目不识丁的农民为师。比如,他曾听到有人谈起某深山中一位老圃(园工)有种植乌臼的技艺,觉得"此法农书未载",便不辞劳苦,登山造访,经过实验证明该技术确实有效,才郑重地记录在书中。

四是他重视试验、身体力行的实践精神。徐光启对以往的农书文献,不盲从,不因袭,敢于提出异议。唯实唯新是他的一贯品格,他亲自栽培甘薯、女贞,种植棉花、水稻,饲养白蜡虫,嫁接葡萄等,到了晚年年老体衰,仍以不能躬身"栽花莳药"为憾事。为了准确证明植物的功效,他亲自品尝过许多草木野菜的味道,仔细观察他们的生活习性和开花繁殖习性。正是由于他的科学精神和巨大努力,才取得了丰硕的学术成果。

徐光启不仅热爱农学,对农业政策和农业经济也有着与众不同的思考。他与古代多数政治家们"重农抑末"的思想有着很大的不同。他一方面十分重视注重农业科技的推广和应用;另一方面也积极鼓励发展商业和对外贸易,试图通过市场和技术的双重手段促进农业更快发展。他认为:国家尤其要在"开垦、水利、荒政"等基础和长远方面加大用力。强调要增加粮食产量,除了改进技术以外,还必须通过开垦荒地、兴修水利、培育良田,增加粮食播种面积;特别要发展棉花、甘薯和玉米等高产经济作物,最终彻底解决备荒救荒的难题。徐光启把"开垦、水利、荒政"三者联系起来、统一起来,并提出了系统性解决方案,实在难能可贵,体现了一个科学家的严谨求实和一个政治家的深谋远虑。

五、中国古代兽医学的骄傲——喻氏兄弟和其光辉著作

喻氏兄弟生于明嘉靖年间（公元 1522—1566），系庐州府六安州人（今安徽省六安市），兄名喻仁，字本元；弟名喻杰，字本亨。兄弟二人自幼学习兽医，走乡串户，始终抱着"不可以小而弗居，不可以贱而弗究"的人生态度，在家乡从事兽医工作。兄弟俩虚心好学，潜心钻研，经常在一起切磋技艺和心得，医术提高很快，达到了"针砭治疗，应手而瘥"的地步，在当地颇有影响。万历六年（公元 1578 年），有一个叫丁宾的官员主政滁州。当时那里连年灾荒，牲畜疫病流行，导致牛马大量死亡，侥幸存留的病马残牛，又有大半死于庸医的治疗。出于父母官的责任，丁宾招来喻氏兄弟为牛马治病，挽救了滁州濒临倒闭的畜牧业，因此名声远播。两兄弟经过数十年的实践积累和潜心钻研，终成为一代知名兽医。万历三十六年（公元 1608 年），喻氏兄弟在总结前人经验的基础上，把自己治疗牛马疾病的心得撰写成《元亨疗马集》《元亨疗牛集》等著作，经由丁宾作序，刊刻成书，随即流传开来。《元亨疗马集》一共四卷，《元亨疗牛集》为上下两卷，书中不仅包括了马、牛的外形鉴别、牧养须知，以及马、牛上百种病症的诊断和治疗方法等，还对每种疾病的病因、病理、症候、治疗和护理方法都作了非常详细的论述。全书内容丰富、系统全面，具有很强的实用性和很高的学术价值。其理论上依据辨证施治的"八证论"（正、邪、寒、热、虚、实、表、里）；实践上总结出 219 个药方，理论联系实际，是中国传统（中）兽医学的经典之作。为了便于人们的学习与运用，书中不仅配有上百幅插图，而且还将重要内容编成了

"歌"或"颂",便于记诵和流传。比如"八证论"中的"热证论"歌曰:"热气多因暑气伤,由来阴不胜其阳",直接指出了热证发生的根源;接着又以"炎天负重乘骑远,热料餐多入脏肠"两句点出此病的直接诱因;而"内外合邪表里热,双凫洪数口如汤,喘粗鼻咋精神少,低头搭耳眼无光"四句则描述了热证之症状;最后给出治疗办法和药方——"鹘脉两针须索出,归芩芍粉血贤凉,蜜水调和同共灌,便是师皇真药方。"全文因果明晰,层层递进,很有表现力。

自《元亨疗马集》和《元亨疗牛集》问世以来,深受业界珍视。被多次翻印,明清时期全国流行有40种版本之多。尤以明代最初刊刻的"丁序本"、清乾隆元年(公元1736年)经李玉书改编由许锵作序的"许序本"和清乾隆五十年(公元1785年)由六安州兽医郭怀西改编加注释的"郭注本"最为流行。甚至还流传到日本、朝鲜、越南及欧美等地,在世界兽医学界颇具影响力。专家普遍认为:《元亨疗马集》和《元亨疗牛集》是中国古代兽医学成熟的标志和集大成之作。其主要成就如下:

一是广泛搜集整理了前人的成功经验,并在实践中改进、创新和提高。喻氏兄弟至少参考了30多部前人的相关的著作和书籍,并经常深入民间,到处寻方问药,汲取群众中蕴藏的诊疗智慧,结合自身从医几十年的临床经验,创造出不少传世的良方和良法。《元亨疗马集》和《元亨疗牛集》记载了的大量的验方、单方、手术之法和针灸火烙之术,经过实践证实大都疗效显著,方便合用,达到了"简、便、验、廉"的完美统一,有些尚能沿用至今。他们创造出治疗马的胃肠热症和黄症的"消黄散";治疗呼吸系统疾病的"清肺散";治疗牛前胃疾病的"大戟散";治疗中暑的"香薷散";治疗破伤风的"千金散";治疗大肚结的"曲蘗散";治疗冷痛的"橘皮散""温脾散";治疗中结的"马价丸";治疗肠黄的"郁金散"等,其疗效在兽医界得到广泛的认可。

在外科病上,他们主张施行消、托补、敷等的综合治疗方法,为中兽医外科学奠定了坚实的基础。在灸法上,他们在总结前人经验的基础上,提出"画烙十二式";在手术疗法上,创制了《开凿巧治明堂图》,留下了"通天穴:凿脑门。开天穴:取混晴。喉俞穴:开喉门。莲花穴:剪脱肛。尾端穴:针歪尾。垂泉穴:削漏蹄。云门穴:放宿水。垂泉穴:修蹄甲。食槽穴:取槽结"等奇妙之术,以及"凿脑开喉,取浑晴,割骨眼,开剖腹"等成功案例。系统地反映了我国古代家畜外科学创新发展的伟大成就。

在诊断方面,他们结合前人经验和自己的体察,提出了"凡查兽病,先以色脉为主,再令相其步行,听其喘息,观其肥瘦、查其虚实——然后定其阴阳之病"。尤其是他们的"色脉相应"的观点,对后世影响很大。他们认为:口色变化和脉象的变化是一致的,可以相互印证,以增加诊断的准确性。即通过对病马口部色泽变化的观察(如对其粘膜湿润,光亮,晶莹状态等的辨别)和脉象的异常变化,能够基本反映出其内在生理机能的状态,并成为中兽医诊断疾病的重要方法之一,为中兽医诊断学的发展作出了宝贵的贡献。他们还根据自己的切身经验,创造了外科病的"诊断歌",其中说道:"昂头点,膊尖痛;平头点,下栏痛;偏头点,乘重痛;低头点,天臼痛;难移前脚,抢风痛;蹄尖着地,掌骨痛;蓦地点脚,攒筋痛;虚行下地,漏蹄痛;垂蹄点,蹄尖痛;悬蹄点,蹄心痛;直腿行,膝止痛;屈腿行,节上痛……。"中国人民解放军兽医大学运用现代科学方法对其研究认为:这种凭借病马的头颈运动,肢的提伸,蹄的负重,腰部姿势等异常表现来确定病痛部位的方法,其描述准确,简便可行,具有较高的实用价值。

二是注重防、治结合，标、本兼治。喻氏兄弟在其著作中，不仅对家畜疾病的生理、病理、病因、诊断、病证、治疗等作出了全面论述；同时也对疾病预防工作高度重视，提出了许多精辟的见解和行之有效的措施，并总结出一套"治未病"的法则。认为要顺应季节气候变化，加强平时的饲养管理和日常关照，做到"冬暖、夏凉、春牧、秋厩、节刍水、知劳役，使寒暑无侵，则马骡而无疴瘵也。""饮有三时，喂有三刍"，控制好饮食节奏等。而对已经发病的家畜，应当及早治疗，"既病防变"，加强护理，以防疾病进一步发展和恶化，切实做到"寒病忌凉，不可寒夜外栓，宜养于暖厩之中；热病忌热，棚内不可过温，宜拴于阴凉之处；伤食者少喂，伤水者少饮，伤热者宜冷水饮，伤冷者宜温水饮；表散之病忌风，勿拴巷道檐下；四肢拘挛，步行艰难之病，则昼夜放纵……等"，这些都是极为宝贵的经验总结。

为防范家畜疫病的大面积流行，喻氏主张要培植"正气"，除了加强平时的饲养管理外，还要根据地理、气候、季节以及畜体的体质状况，采用放"六脉血"，服"四季药"，以提高机体防卫能力。而一旦出现"真元散乱，邪疫相侵"等相关疫病症状，就要立即隔离，"无致群聚"，加强针药调治，使其尽早恢复健康。对一些常见的传染病，如破伤风、偏次黄、肷黄（炭疽）、肺败（鼻疽）、槽结（马腺疫）、幼驹妳泻（痢疾）等，他们更是用心应对，曾就其病原、病状、传染途径、流行特点及防治、护理原则等进行过比较深入的研究，以破伤风为例，他们认为："破伤风者，外感风也。皆因伤劳太过，营养失调，鞍鞒撞破鬐头，毡屉打伤脊背，鞭皮磨破尾根，肚带擦损肘后，或拴巷道之中，或系舍檐之下，贼风乘虚而入皮肤，皮肤而传腠理，腠理传之于内。令兽浑身麻痹，眼急惊狂，四肢僵硬，伤风邪之症也。"

在细菌学出现之前的 17 世纪初期，能有如此深刻的认识，实在是难能可贵的。喻氏兄弟不仅确定了该病是由伤口引入的，是"贼风乘虚而入皮肤"所致，从而导致了"耳紧尾直，闪骨生淤，牙关紧闭，口内涎垂"等症状的发生；而且提出了以解痉慎静为主的治疗方法，保持暖厩喂养，口不住食（喂以坚硬豌豆，使病畜不停咀嚼，缓和牙关紧闭），同时还要保持厩舍的黑暗与安静。这种标本兼治的策略在实践中收到很好的效果。

三是坚持守正创新，辨证施治，努力做到理论与实践的统一、内治与外治统一。喻氏兄弟以阴阳五行学说为其理论基础，善于运用阴阳变化和五行生克制化的规律，来分析家畜生理、病理现象，进而指导临床医疗实践，发展了辨证论治的整体观和系统观。他们认为："马者，兽也，禀二气五行，长于灰台之下，与人并生于天地之间"。因此，自然界中的一切变化，都可以直接或间接地影响动物体的生理及病理变化；而疾病的发生，就是在病因作用下，由五行制化的失调或阴阳偏颇所致。因此把马病错综复杂的症状综合归结为"寒、热、虚、实、表、里、邪，正"八大证型。在治疗中贯彻"阴病阳治""阳病阴治"的原则来纠偏改弊，以恢复其阴阳的动态平衡，达到治愈疾病的目的。他们对那些症状相同但病因和病机不同的疾病，采用不同的治疗方法，强调切合实际，因病灵活施策，有时以内治为主，有时以外治为主，有时攻于内而调于外，有时药、针并施，内外兼治。比如对于疮黄疗毒的诊治，喻氏认为："疮者，气之衰也。气衰而血涩，血涩而侵于肉理，肉理淹留而肉腐。肉腐者，乃化为脓，故口疮也。""两胸膛及后胯遍身而生瘰疬者，乃阴之毒也，两前膊乃梁头脊背而生毒肿者，俗称肥疮，乃阳毒也。"在治疗方法上，若"膘肉重，多立少骑，各种热毒积于肠内，败血淤汗隐住肌肤，春不抽六脉血，夏不灌清凉之药，以致气血太盛，热注焦，致令周身发生痈肿。"故应采取内外兼治等综合措施方能奏效。

对家畜体内外的寄生虫（如蛔虫、蛲虫、马胃蝇、浑晴虫、蜱虫、蠕等）疾病，他们也采取内治与外治的相结合的方法进行根治性治疗，取得了巨大的成功。如对癞螨疥癣，除了内服施药，增强机体的防卫能力，还创制了"荞麦烧灰淋汁加绿矾和涂"的外治法进行治疗，收到了不错的效果，至今仍在兽医临床中应用。对于浑晴虫的治疗，更是大胆创新，妙手施术。《手术篇·浑晴虫论》中写道："夫马眼生浑晴虫者……在于五轮之内，往来不住游走，有似蛟龙戏水，不能停息，日久混得晴生翳膜，黑白不分，若不除之，深为废痼。""凡欲治者……在日霁晴明，将兽绳缚立正稳平，左手挣开马眼，辨别混晴，白膜近下，黑晴向上，两间中心，是开天一穴，用线缠定白针，尖长一分，用心细意，右手持针于开天穴上轻手急针一分，虫随水出，便见其效。"这种穿刺角膜摘除虫体的治疗方法，成为外治手术疗法的经典之作。针对骡马"起卧症"（古时将马骡各种腹痛，称之为起卧症）的诊治，他们则认为："夫起卧者，三十六般也。外感暑湿风寒，内伤饥饱劳役，冷热相干，阴阳不顺，气血不调，脏腑疼痛而不宁者，故曰起卧也"。而"起卧"中"结症"又是其最常见和最危险的一类。所谓"结症者，实症也，停而不动也，止而不行也。水停不运，而为胞转（膀胱炎）之病；料塞不通，遂成脏结（便秘）之病。"并依据结粪的部位，把结症分为"内七结"（结在肠的蟠之内，即前结、中结、后结、吊结、垂结、板肠结和手结）和"外三治"（结在直肠之内，即顺手结、靠门结、胞转结）等十大结症；提出内治与外治的相结合的原则，内治处方介绍了治大肚结的"曲蘗散"，治中结的"马价丸"等；外治则介绍了"入手破结"各种手法，要求做到"取则徐，入则缓，燥则润，涩则滑，秘则通，气则顺。"并连同针灸的配合治疗，收到内外兼治奇特效果，闪耀着集成创新的智慧之光。

对于黑汗风（热衰竭）病，喻氏认为其根源是："良马浑身汗不收，由来热积在心头"，提出了"系于凉处，裙衣蒙头，井华水头上浇之"的简便应急的冷敷法，并配合针刺"三江、大脉血"，对减轻颅内压和防止脑血管意外具有独特的作用，这种奇特的物理治疗的方法为中外学者所称道。

喻氏兄弟并不满足于单纯的诊疗活动，对引发疾病的深层次原因和兽医学中的疑难问题也进行过一些深入的思考，在"东溪素问四十七论"中，喻氏兄弟就曾对当时兽医学中一些疑难问题进行过专门的论述，但限于当时社会客观条件和认识水平，他们不太可能发现病原菌的存在，对血液循环、营养元素等生命物质基础的研究和剖析甚少，这也是传统中兽医学的局限所在。事实上，中西方兽医学走的是不同的研究道路，西医学坚持物质科学的分解分析方法论，借助一系列科学仪器设备，从宏观到微观，对人体的物质组成结构从整体到器官、组织、细胞和分子进行了深入细致的分析研究，在此基础上针对病因病理的异常进行对抗性的预防与治疗，形成了疾病医学的防病抗病体系。而中兽医学则始终将"天、地、生物"看作是一个互动的巨系统，认为要维持生命健康与消除病痛，必须"天人合一"，强调"其知道者，法于阴阳，和于术数，食饮有节，起居有常，不妄作劳"；通过"有诸内者，必形诸外，视其外应，以知其内脏，则知所病矣"，"从外知内"即"司外揣内、见微知著、以常达变"等，并以此形成了辨证论治的诊疗方法。中兽医药学是从信息观入手，将对畜禽健康直接相关的因素与其健康状态关联，在认真观察、类比的基础上，建立了维护健康的理论和方法，为中国畜牧业的健康发展作出巨大贡献。应该说中西兽医学在各自的道路上都取得了辉煌的成就，我们应该学习和借鉴西方兽医学的先进成果，走出一条中西结合的特色诊疗之路。

第十篇

中国古代农业科技推广普及的主要途径、经验及其启示

农业作为最古老、最基础的生产活动，在我国已经有了近万年的发展历史，一直是我们赖以生存与发展的重要支撑和物质保障。自农业产生以来，农业技术的改进和推广从来就没有停止过，正是农业新技术（包括新作物、新品种、新农具、新栽培和饲养方法等）的不断发明创造和推广使用，从而推动着农业生产水平的持续提高，使农产品的产量和质量得以稳步提升，养活着不断增长着的巨大人口，推动着中华民族走向繁荣和进步。

中国是一个长期受封建专制统治的农业国家，以一家一户的小农经济占主导。乡村是一个以宗（家）族为纽带的熟人社会，家人相合、邻里互帮、父子相传是中国乡村典型的社会风尚；五谷丰登、六畜兴旺是乡村社会不懈追求。中国农民勤于实践，不断进取，勇于发明创造，开创了辉煌的农耕文明，积累了丰富的农业知识，把这些知识和技术推广好、普及好，传承好，不仅有利于农业生产力水平的整体提高，而且也有利于在实践中发扬光大，不断发现和解决新问题，促进新的发明创造和科技进步。中国古代农业科技的推广普及和传播

主要通过两种路径：一是国家主导的行政推广，即是通过王朝建立的"劝农使"等制度、或通过颁布律令、诏书等进行农业技术（包括新作物、新品种、新农具、新的种养方法等）的推广和普及；二是通过民间的相互学习与技术交流进行知识的普及和技术传承，民间的农学家、种养能手、家族长者等，或通过示范、展示亲授亲传，或通过著书讲学、民谚歌谣等方式进行宣扬和传播。

一、国家主导的行政推广

我国是一个有着悠久历史的农业国家，是稻和粟的发源地。农业是中华民族生生不息的命脉产业，也是历代政权建立和巩固的物质基础。因此，从整体上看，我国历代有作为的统治者对农业生产都高度重视，对农业新技术的推广工作也都比较积极。在农业发展的初期，劳动工具十分简陋，人们主要依靠着人工磨制的石器、骨器和木器农具，进行着简单而又粗放的耕作，被称作为"原始农业"，这时的技术水平虽然低下，但也是需要引导和教育的。《易·系辞》中有："神农氏作，斫木为耜，揉木为耒，耒耜之利，以教天下"的描述；《管子·轻重篇》中有："神农作种五谷于淇山之阳，九州之人乃知谷食。神农教耕生谷以致民利"的描述；《孟子》中也有："后稷教民稼穑，树艺五谷；五谷熟，而民人育"的说法，这些传说中的人物虽有些神话的色彩，但不难想象我国农业的初始情景，也不难看出"劝教"对农业启蒙发展的重要意义。

随着金属在商周的出现，特别是铁制农具在战国时期的出现，加之耕牛的大量使用，我国进入了传统农业时代——即耕牛铁犁的时代。国家鼓励饲养耕牛，加强了铁制农具的推广，使得农业生产效率得到了很大提高，农产品的数量和质量有了很大的增长，乡村有了稳固的发展，极大地促进了社会的繁荣和进步，从此中国进入了一个稳定的农业社会和漫长的封建时代。历史上所谓的"太平盛世"，无不把农业农村的稳定和发展作为执政之基，把农业技术的推广和普及作为兴农之要。

相传我国早在尧舜时期就任用擅长农作的"后稷"为农官，负责农业生产的指导和粮食的储备工作。春秋战国时期诸侯国就有了"农官"设置的史料记载，秦、赵两国的"内史"和韩国的"少府"等机构就担负着农业的促进工作，主要掌管着农业的考察统计和田税的征收工作。《秦律·仓律》中就有："入禾稼、刍稿，辄为廥籍，上内史。"的记载。秦王朝实现华夏统一以后，初设"治粟内史"。汉承秦制，继续设立"治粟内史"，同时增设"大农丞"十三人，各领一州，以劝农桑力田者，此乃"劝农使"之雏形。汉景帝时改"治粟内史"为"大农令"，汉武帝时又改称"大司农"，被后代长期沿用。西汉之初，还在全国各地设立铁官，专门负责铁制农具的生产和出售，加快了铁制农具的普及。与此同时，鼓励多养耕牛，大力兴修水利，扩大农田灌溉，倡导精耕细作，使农业产量有了大幅度的提高，出现文景之治的盛世景象。汉武帝时期都尉赵过发明并推广了"代田法"，达到了"用力少而得谷多，民皆称便"的应用效果；汉成帝委派氾胜之以轻车使者的身份"督三辅种麦"，他大力推广代田法、区种法、溲种法等农业新技术。赵过、氾胜之等应该是中国历史早期最杰出的农业技术发明和推广专家，也是最初意义上的"劝农使"。据《晋书·食货志》记载："昔汉遣轻车使者氾胜之督三辅种麦，而关中遂穰"。小麦在关中地区的普遍推广，有效地解决了春夏之交粮食供应青黄不接的问题，促进了乡村的稳定与繁荣。不仅如此，氾胜之还把丰富的农业生产经验编撰成《氾胜之书》，成为我国历史上现存最早的农学专著。该书总结的"精耕细作之法"，一直被我国北方农区长期遵循。南北朝时期的北魏高阳太守贾思勰进一步总结了黄河中下游地区的农业经验，写成了综合性农学著作《齐民要术》，书中详细记述了北魏在农、林、牧、副、渔等方面的最新技术成果，是中国现存的最早一部完整的农书，长期指导着我国北方地区的农业生产。南方的水田技术在唐代及五代时期有了长足式发展和普及。唐代发明并推广了曲辕犁，由于其设计精巧，使用灵活，很好地适应了江南地区田块面积较小的特点，得到了国家的强力推广，使之迅速普及开来。此外，还加强了水利设施的完善，大力推广水车和筒车等新型灌溉工具，普及育秧移栽技术，发展两熟制。到了五代时期，江南地区遂成为了全国的鱼米之乡。

宋代是人文科技比较发达的时期，也是农业技术广泛普及的时代。宋太宗开创建立了"农师制度"，兼有教习农事和督促农民的双重职能，是真正意义上的"劝农使"，对农业生产技术的普及和提高无疑起到巨大推动和促进作用。宋真宗景德三年（公元1006年）发布了"地方官员兼任劝农使"的朝令，宋神宗天禧四年（公元1020年）朝廷进一步下诏规定"诸路提点刑狱使兼任劝农副使"，并各赐给《农田敕》和《齐民要术》等指导性书籍，以便具体指导农业生产。自此，"劝农使"制度真正建立起来，这是我国农业技术推广中的一项创举，它经历了从职责不甚专一的大农丞——轻车使者（不定期的农业推广者）——劝农使（兼有教习农事和督促农民的双重职能）的不断完善的过程。自从有了劝农使制度，农业技术的推广工作就变得顺畅起来，皇帝亲自抓，劝农使具体抓，其他社会力量协助抓，加速了农业技术的推广。宋真宗时期推广"占城稻"活动就是非常成功的一例，占城稻原产于占城国（今属越南），以早熟、耐旱、高产而著称，适于在长江流域推广使用，也可与晚稻品种配合，发展双季稻。在朝廷的广泛动员和劝农使的辛勤努力下，推广工作力度大、效果好，使国家的谷物生产能力大增。与之相适应的稻田农具也得到了不断完善，发明了秧马、薅秧耙等方便农事操作的农具，同时也培育了农技推广的社会氛围。北宋一代文豪苏东坡在被朝廷流放黄州和岭南期间也不忘推广农业新技术，为推广一种方便拔秧的秧马，他整整努力了 10 年，使得该农具在当地得到推广，在提高农作效率的同时，也减轻了稻农的劳动强度。南宋陈旉不顾七十多岁高龄奋力写成专门论述江南水田耕作的著作《陈旉农书》，对指导南方稻作生产影响很大。后来元朝又组织动员全国的力量编写了大型农书《农桑辑要》，对农业技术的普及起到了十分重要的作用。王祯在任旌德县令期间又进一步总结了南、北方农业技术的经验，尤其是农具开发和使用方面的经验，写成了《王祯农书》，为后代的农技推广和农具制造工作提供了重要的指导。

明清时期，在总结推广现有农业科技的同时，还大力开展外域作物的引进和推广工作。玉米、山芋、马铃薯等高产作物和棉花、烟草、花生等经济作物的引进和推广，改善和丰富了我国传统的种植结构，促进了我国种植业的全面发展。玉米、山芋等高产作物的引进推广以及棉花作物的普及，对缓解中国"人多地少"矛盾起到了非常重要的作用。明太祖朱元璋采用法令的形式强制推广纤维作物，要求"凡民田五亩至十亩者，栽桑、麻、木棉各半亩，十亩以上倍之。"于是棉花很快在全国推广开来。清康熙帝亲自培育和推广优良品种的事迹也被民间传为美谈。历史上，不管是王公大臣还是基层小吏，只要他对农业技术推广工作有贡献，总能受到社会的褒奖和百姓的拥戴。

汉代的任延在做九真太守期间，针对当地百姓困苦、农业落后的客观情况，积极组织推广中原地区精耕细作的农业技术，大力发展铁犁牛耕，老百姓很快丰衣足食，改变了落后面貌。当地为了纪念他，在给孩子取名时，常把"延"字加进去，世代感恩这位好官。汉代王景在做庐阳太守时，也在农业技术推广上功勋卓著，很快将一个"火耕水耨"的荒蛮之地，变成了鱼米之乡，受到老百姓的衷心拥戴。身处基层的贵阳令茨充，针对当地不兴种桑、没有纺纱织布技术的情况（老百姓常年穿着草鞋，脚上经常裂出血口），亲自组织教授当地民众种植桑柘，养蚕织布，又下令种植苎麻。几年后成效显著，人们终于穿上了温暖的衣服和柔软鞋子。乾隆时期的遵义知府也在当地推广柞蚕，收到了良好的经济和社会效果，被当地老百姓称为"蚕神"而香火不绝。元代的王祯在出任旌德县令期间，正遇当地大旱，因缺乏提水工具，虽有水而不能提，于是就想起了老家山东的提水抗旱方法，马上招来木匠铁匠，亲自绘图设计，组织生产水车、筒车等先进提水工具，最终战胜了旱灾，保护了农民的生计，受到当地百姓的世代称颂。

整体来说，我国古代以官方为主导的农技推广工作，成效是显著的。利用朝廷的行政力量，推广普及新作物、新品种、新农具、新方法，保证了我国农业生产水平的持续提高。这种农业技术的推广模式在封建专制统治的社会里虽有一定的优势，但也存在着一些弊病和不足，首先是通过官方的"层层动员"和劝农使的"口传身授"，在古代交通落后、信息不畅、组织动员能力有限的情况下，一项技术要得到普遍推广，进度十分缓慢，其效率往往较为低下。另外，劝农的官员们大多不懂农业技术，依靠临时学习的那点农事知识，局限性很大，对技术推广过程中出现的新情况、新问题，也往往难以有效应对。加之农业技术推广的主体受众，又是分散着的一家一户的小农家庭，生产规模小，经济能力弱，对技术的接纳力和执行力都难以得到确保，所有这些都在一定程度上影响着农业技术推广的速度和效果。另外，从本质上讲，中国古代的农业技术多是实践基础上的总结，属于经验知识的范畴，技术推广工作很难做到标准化、专业化和精准化。因此农技推广工作失误和失败情况也时有发生。宋代守边将军何承矩盲目引种南方高产迟熟的水稻品种到北方种植，结果由于温光条件不能满足，造成引种的失败，损失惨重，其教训也是深刻的。

二、民间的学习交流和示范传授

广大劳动人民在长期的农业实践中形成了对于土地、肥料、灌溉、农具、作物品种及栽培管理、动物饲养及繁殖等多方面的知识，积累了丰富的种植和养殖经验，发明了许多可以提高生产效率的农业工具，这些经验知识和技术方法，大多通过农民间的互学互鉴，交流共享而迅速普及开来，又在新的实践中不断丰富、改进和完善。当然官方的农业教学也是有的，比如唐代中央官学设立的太仆寺里就设立了兽医学校，据《唐书》载，"太仆寺设兽医博士4人，教授生徒百人"。与官办农业教育相比，中国古代民间举办的农业教育影响更大一些。比较知名有春秋战国的许行，唐末的陆龟蒙，南宋农学家陈旉，明清时期的张履祥、杨双山等。以许行为代表的神农学派，开我国农学私学之先河，他一个人教几十名学生，身体力行，坚持同学生们一起耕作，共同研究和体验农学之道。陈旉除了教授农业知识，还编写书籍教材《陈旉农书》。张履祥耕读相兼，农闲时读书研究问题和乡邻们交流，讲授一些农业知识；农忙时戴上草帽参加生产劳动，各种农活无不精通，人们称赞他"凡田家纤悉之务，无不习其事，而能言其理"。清代的农学家杨双山，对当时流行的科举考试无甚兴趣，而对农业技术却十分热心，招生讲学，传播农业科技知识。他曾骄傲地说："重大无过于农道，在学校不可一日不讲"，他要求学生"案头须置农书"。但面对数以百万计的分散农户，这种教育毕竟是杯水车薪。再说，在中国这样一个科举盛行的封建社会里，绝大多数知识分子都热衷于读书做官，工夫大都下在了考取功名上，真正关心关注农业生产技术者毕竟很少。所以，对农业技术的推广普及来说，更多的、更为普遍的则是农民群众间的相互交流学习和示范传授。春秋战国时期的鲁国寒士猗顿，听说乡邻陶朱公经营有方，十分富有，就去向其请教致富的办法。陶朱公告诉他说："要早富，养五畜"。于是猗顿就跟人学着饲养牛羊，结果大获成功。南宋的黄道婆，原为童养媳，自幼操劳家务，因不堪虐待，逃往海南，跟着别人学习较为先进的棉纺技术。四十年后重返家乡乌泥泾，将学到的纺织技术无私地传授给乌泥泾的乡亲们，使贫穷落后的乌泥泾逐渐成为当时闻名一时的纺织业中心。明末清初时期，陈振龙父子，从海外引进了甘薯作物，因其耐瘠高产、甘甜可口，受到福建乡亲们的喜爱，父子俩一边忙着教授邻里甘薯的种植方法，一边加快繁殖种苗，无偿地提供给大家，为普及甘薯栽培技术作出了巨大贡献。

由于我国幅员辽阔，农业作物种类繁多，生态环境错综复杂，农业的区域性特点十分明显。因此，必须因地制宜、因情施策，摸索出适合本地区特点的耕作方法，这些耕作方法常常被当地一些"老农"或"种田把式"所掌握，并世代传承下来。这一些"老农"或"种田把式"就是当地的技术"权威"，乡里乡亲在种田和耕作上遇到什么困难和问题，就向其学习请教，其自然就担当起公益"教师"的角色。当然，中国古代农业的种养技术和知识传授主要还是通过家庭（族）成员间的口授与示范进行的。由于中国古代是以生产资料私有制为基础的农业社会，财产归家庭所有，家庭既是生产单位也是消费单位，它担负着生产家庭成员所需要的生活资料，同时还要生产与别的家庭相交换的必需品。家庭的这种功能，在中国这样一个以自然农耕经济为主导的社会里，表现尤为突出。一家一户的家庭经营，产出的多少与自己的家庭利益直接关联，从而激发家庭成员的生产积极性，使他们想尽办法来增加产量，于是就有了学习、传授和改进农业技术的动力。再说中国古代的农业知识大都是技术性的、经验性的，通过示范观摩、言传身教，往往可以收到立竿见影的效果。事实上，自犁耕农业开始以后，家庭就主要承担了这种教育功能。五口之家，男耕女织童牧，既是一种分工，也是一种学习。家庭中经验丰富的长者就是师傅，孩子们从小就跟随长者，学习各种农业知识和技能。《管子·小匡》中说："农之子恒为农，承父兄之教，少儿习焉。"因此，中国古代的家庭农业教育最具广阔性和直接性。随着家庭一代代地延续和裂变，农业知识和技能也在一代代地传承和光大。由于我国多数农民在封建社会中备受压迫和剥削，生活艰辛，很难有机会读书识字，因此言简意明的农谚就大受欢迎。农谚大都以精炼生动的质朴语言，对农业的经验和教训进行深刻的总结和高度的概括，易学易记，口口相传，起到了独特的知识普及作用和非同寻常的传播效果。农谚的内容涉及农业的方方面面。比如劝导人们种粮栽树的就有"一年之计莫如种谷，十年之计莫如树木""山上光、年景荒""绿了荒山头、干沟清水流"等发人深省的谚语，时时提醒人们要处理好农业与林业及环境的关系；比如"无牛不成农，无猪不成家""猪是农家宝、粪是地里金"等谚语，意在教育人们要处理好种植业与养殖业的关系；比如

"田不冬耕不收、马无夜草不肥""今年不翻冬，明年禾仓空""犁三耙九、多收几斗"等谚语，是在教育人们充分认识冬耕整地的重要性；比如"秋分不露头（指稻子抽穗），割掉喂老牛""清明早，小满迟，谷雨种棉正适时""秋分早、霜降迟，寒露种麦正当时"等谚语，说的是要抢抓农时、适时播种；比如"庄稼一枝花，全靠肥当家""先肥后耕，收成倍增""大肥一炮轰，花果全落空"等是在提醒人们要合理施肥；比如"麦浇水三遍，满地金灿灿""秋水老子冬水娘，浇好春水好打粮"等指出了小麦的需水灌溉规律；再比如"八成熟、十成收，十成熟、八成收"说的是适时收获应该掌握的要领。好的农谚在乡间流传甚广，经久不衰，促进了农业技术的普及和农业知识的传播，发挥着指导生产、教化农民的特殊作用。有些地区甚至把农业的技术诀窍编成歌谣传唱，如江南的插秧歌等，既抒发了劳动热情，又传播了稻作知识。

通过民间的交流学习和实践提高，不少农民都成了种植和养殖的"行家里手"，他们把农田和畜禽收拾得井井有条，把环境打理的干净整洁，推动着农业的永续发展和不断进步。

当然，民间的知识传播和技术传承，也有一定的缺陷，一是小生产者固有的狭隘思想，为了竞争和保护家族利益的需要，有些农业经验和技术诀窍是不轻易外传的，甚至有"传内不传外，传儿不传女"的习俗，这在一定程度上，限制了农业技术的普及。二是轻视农业的思想根深蒂固，由于农业的艰辛和劳苦，一些农业家庭并不希望后代都像自己一辈子从事农业生产，而是千方百计地鼓励和支持他们"跳出农门"，走读书做官的道路。这客观上也阻碍了农业科技的发扬光大。

但总体来说，中国古代的农业科技推广和普及的路径是通畅的，特别官方和民间的互为依托和补充，合力推动了农业知识的传播和技术的推广，促进了农业的技术进步和可持续发展，仅用不到世界 10% 的耕地，保障了占世界 20% 以上人口的吃穿用度，这不能不说是一个伟大的奇迹。

第十一篇

对中国古代农业科学技术研究的
几个问题思考

一、王阳明 "格竹" 给我们的启示

"格物" 一词，出自于《大学》的 "格物致知"。关于 "格物致知"，朱熹的解读是通过穷究事物之理，来获得 "真知" 的过程。所谓 "格" 包含着研究、分析和考量的意思；所谓 "知" 即为事物运行的规律或法则，我国明代伟大的思想家王阳明 "格竹求理" 的故事，曾给人们留下了不少疑问和思考。

据钱德洪《王文成公年谱》中记载：早年，王阳明十分崇拜朱熹，一次陪父亲王华来京城小住，就到处寻找朱熹的著作来研读。当读到朱熹关于 "天下万事万物都蕴含着道理，哪怕是一草一木，也蕴含着天道至理" 时，心中十分感慨。既然一草一木，都包含着至真的道理，何不格物以求之？由于他自小就喜爱竹子，加之父亲的官署里又有很多竹子，于是王阳明便邀请好友钱某一同 "格竹求理"，好友竭其心思，至于三日，便致劳神成疾。而他自己则坚持到七日，亦以劳思致疾，没能坚持下去。他谦称自己做不了圣贤，也没有办法把竹

子"格"明白，后来就转向了"心学"研究。

北宋名相王安石说过："古人之观于天地、山川、草木、虫鱼、鸟兽，往往有得，以其求思之深而无不在也。"，古人尚能如此，王阳明作为当时"好学上进"的青年学子更应该知道其中的道理。况且随着时代的发展和人类认识水平的不断提高，人们所能提出和研究的问题会越来越多，学问也会做得越来越深入。试想如果牛顿去格竹，他可能会更多地关注竹竿的弹性、韧性以及抗压抗挫的特性等，去想方设法弄明白其中的力学原理。如果达尔文去格竹，他可能会更多地关心竹子的生物学特性，思考竹子是怎样进化来的，它和哪些植物亲缘关系较近，它的开花习性、授粉方式和繁殖特点如何等；如果是摩尔根去格竹，他可能会更多地去关心竹子细胞里有多少对染色体等。不同的人，身处不同的文化背景，甚至在不同的时期和境遇，其关注点可能都不大一样。杜甫关注的是竹子的品格，有诗曰："青冥亦自守，软弱强扶持。味苦夏虫避，丛卑春鸟疑。轩墀曾不重，翦伐欲无辞。幸近幽人屋，霜根结在兹"。郑板桥关注的是"衙斋卧听萧萧竹""一枝一叶总关情"。苏东坡关注的是"疏疏帘外竹，浏浏竹间雨"。那么王明阳究竟在关注什么？在思量什么？鉴于上述分析，我们有理由认为，王阳明关注的并不是竹子本身，而是由竹子引申的其他问题，或是把竹子作为镜像之物试着用心灵这面镜子去映照它，或是在思考如何使心灵的镜子立得正、擦得亮、照得明等心学问题。从王阳明以后的学术轨迹来看，我们似乎可以更加肯定这一点。

当然，如果按科学的方法去"格竹"，那会是另外一番景象。你可以把整个竹子分解成不同的器官，并找出它们之间的相互联系；你也可以把器官再分解成不同的组织，不断地深入内部进行精细的结构和功能分析。比如花器官的构造，雌雄蕊的结构和授粉方式，有性繁殖和无性繁殖对竹子生活力的影响等。科学研究总是按照认识客观真理的规律，由此及彼，由表及里、由浅入深地进行分析研究，归纳抽象，提出科学的假设和构想，并在实验和实践中加以验证和完善。现代科学遵循是科学实验和科学思维的路径，人们能够通过科学实验或科学仪器，再借助抽象思维、形象思维和逻辑思维的力量深入到人类感官所不能达到的细微层次，揭示其背后深层次的科学原理和科学规律。科学的力量是巨大的，正是靠着一代又一代科学家的不断"格竹"，我们对竹子的研究和认识才越来越深入，从群体到个体、从器官到组织、从细胞到分子、从结构到功能，都逐渐地清晰起来。随着研究的深入，竹子应用范围也随之不断扩大，光是竹纤维的加工利用就能生产出几十种高附加值产品，竹炭分子的应用更是方兴未艾，从竹子中提取化学药物分子的工作也相继取得突破。今天我们"格竹"的方法更多，手段更先进，前景也更加光明和远大。

二、中国古代使用铁肥给我们的启示

要说在作物栽培中使用铁肥，那么中国称得上是当之无愧的鼻祖。宋代文献《分门琐碎录·农艺门》中明确记载了"皂荚树不结，凿一大孔，入生铁三五斤，以泥封之，当年开花结子"的事例。这应该是植物施用铁肥最早的文字记录，但其原理一直不甚清楚。直到清康熙年间，学者张志聪才在其《本草崇原·方剂汇》的著作中给出一些解释，说是："纳生铁而即结荚者，铁乃金类，色黑属水，得金水之气，则木茂而结英也。"这种虚化含糊的解释，既缺乏科学的理论依据，也缺乏基本的实验基础，实在难以令人信服。从实际经验的角度讲，其实多数植物在一般的土壤中种植，并不需要额外补充铁肥即可正常生长。但对一些"喜铁植物"（如铁树、栀子花、皂角等）或严重碱化的土壤来说，额外补施一点铁剂能明显促进其生长发育。事实上民间很早就有在铁树（学名苏铁，属于苏铁科苏铁属的裸子植物）上钉铁钉以促进其生长发育的做法。这说明我们的先辈们很早就明白补铁对一些植物生长是有好处的，至少对那些"喜铁植物"或是生长在碱化土壤中的植物是如此。土壤中或额外施入的铁元素的确是被植物吸收利用了，不同植物灰烬中的含铁量即吸收铁元素的量是有一定差异的。比如菠菜（唐代贞观年间由尼波罗国传入我国，最初叫波棱菜，后简称菠菜）的含铁量就明显高于其他蔬菜。那么接着就会产生一些新问题。铁究竟存在于植物的什么地方？发挥着什么样功用？缺少了会有什么表现？回答这个问题，我们可以把那些"喜铁植物"栽植在严重碱化的土壤上，以正常土壤中的相同栽培作为对照，看看究竟会出现什么情况？通过大量重复性实验和精细的观察，我们就能发现供试植物的叶片（叶肉）会逐渐失绿，由淡绿色变成淡黄色，直至变成苍白的颜色，接着叶脉也开始失绿，整个叶片变成了白叶，幼嫩部位更为严重一些，进一步发展，嫩叶幼梢就会枯死，花蕾脱落。在症状发生的早期，如果能及时补充一些铁肥可以减轻危害，使失绿症状得到一定的缓解。由此我们可以知道：缺铁首先影响到幼嫩的绿叶生长，使叶色失绿，生长停顿而致死。接着再探究"叶子为什么会失绿变白"？失去的绿色物质究竟是什么？回答这些问题，我们可以用同一植物在缺铁环境下长出的白叶与正常土壤里生长的绿叶（对照）进行深入的对比分析，试着用不同溶剂分离提取叶中的色素物质，实验不难发现，使用酒精便可以分离提取出正常叶中的绿色物质（叶绿素），而白叶中则缺乏之。把这种绿色物质焙烧成灰烬后，用磁铁检测其含铁量，我们就会发现"铁的大量富集"。从而不难证明：铁是叶绿素的重要成分，因为有了叶绿素的存在，正常植物才表现为绿色，而失去叶绿素的白化植物便不能正常生长。于是我们大抵可以得出如下结论：铁主要存在于植物叶子的绿色物质中（叶绿素），缺铁可以造成这种绿色物质的匮乏，进而使叶子失绿，影响植物的生长。如果我们能联想到韭黄（韭黄在宋代已经是广为食用的蔬菜了）的生产过程，或留意过遮阴下的植物叶色也会变黄的现象，便不难推测：叶绿素的形成过程中，不仅需要铁元素，也还需要一定的光照，这就很自然地建立起"铁元素—叶绿素—太阳光照"之间的联系。坚持探究下去，甚至有可能一层一层地揭开光合作用的神秘面纱。即便限于当时的物质技术条件，不能向纵深处开展研究，那么向更宽泛的方向上开展相关研究总是可以有所作为的。比如铁是沿着什么途径（通过解剖观察植物的导管）进入植物体的？既然铁是植物必需营养素的一种，那么除铁以外还有哪些必需的营养素？他们各自的作用又是什么？缺少了会有什么样的表现？事实上，当时对硫肥的作用还是了解一些的。据宋代《格物粗谈》中记载："茄秧根上掰开，嵌硫黄一皂子大，以泥培种，结子倍多，叶甘。"只可惜这样"珍贵的经验"同样没能引起人们（知识界）的重视和深究，以至于我们错过了通过"假（推）想和实验"建立植物矿质营养学说的机会，这不能不说是中国农学史上的一大遗憾。

当然历史没有如果，任何科学的诞生和发展都有其自身的内在原因，是经济、社会、文化等综合作用的结果。这其中科学精神、科学方法、科学传统和由此培育出的学科人才是十分重要的。德国科学家李比希就是这样一位伟大的"科学人才"。他出生于1803年德国的一个经营药物、染料及化学试剂的商人之家。当时的德国正处在从传统农业国到强大工业国的转型中。随着工业技术的进步和经济的快速发展，传统的大学已经不能满足其对科技创新的巨大需要，于是在19世纪初，德国社会率先掀起了一轮轰轰烈烈的大学改革运动，大学建立实验室和讨论班制度，培养研究型科技创新人才成为当时大学的新风尚。生活在这个时代的李比希，童年时期就跟随父亲制造过家庭药物和涂料，后来又给一位著名的药剂师做徒弟。少年的李比希酷爱阅读化学书籍和喜欢动手做化学试验（这时西方的化学已经建立起自己的学科基础）。而后他又接受了新型大学的教育，1820年从波恩大学毕业后，又在埃尔兰根大学取得博士学位。1824年他来到了当时化学研究的高地——巴黎，在那里得到科学界泰斗洪堡的帮助，并被推荐到著名的化学家盖吕萨克的实验室工作，受到了系统的化学专业研究训练，培养了他严谨、认真的科学精神和锐意创新的科学家品格。这以后他回到了德国吉森大学任教，建立了自己的实验室。他以极大的热情投入了有机化学的研究，改进并完善了由盖吕萨克和泰纳尔提出的有机物燃烧分析法，使用该方法就能根据燃烧所产生的二氧化碳和水的量，精确分析出样品中碳和氢的含量。同时他还学习和吸收了杜马发明的通过燃烧分析建立起来的有机氮测定法，从而建立了一套完整的有机化学分析体系。利用这个分析体系，他聚焦"作物的营养和施肥"的研究，并持之以恒付出巨大努力。1840年他发表了题为《化学在农业和生理学上的应用》的著名论文，文中他首次用分析实验的方法证明：矿物质是植物营养的基本成分，进入植物体内的矿物质为植物生长和产量形成提供了必需的营养物质，植物生长所必需的营养元素主要为：氮、磷、钾、钙、镁、硫、铁等，植物可以从土壤里的获得这些生命所必需的养分，要保持土壤养分的持续供应，就必须通过施肥的方法予以补给。正是这个伟大的学说，催生了近代的化肥工业的兴起，引领着传统农业向现代农业的伟大转变。

虽然当时的宋朝仍处在封建时代里，但商品经济还是比较发达的，文治之风盛行，科技也受到了前所未有的重视，农业技术的改良和农学研究十分活跃。宋代出版的各类农书总计达 255 种（唐代农书不到 30 部，包括唐代在内的前此历代农书总计也只有 70 余种），内容十分广泛。在肥料方面，不光对火粪、沤粪、堆粪、草粪四类肥料的制法、用途详加论载，还介绍了铁肥和硫肥的作用，把传统施肥和栽培技术推进到一个崭新的阶段。整个社会文化水平大幅提升，普通农家子弟也能接受一定程度的文化教育，"识字农"一词在宋代的产生便是有力地证明。拥有一定文化知识的"识字农"能够将农书的知识应用于生产，并实践中总结提升。甚至还能将实践中的所见所闻、所思所得撰写成书，推动了宋代农学的发展。宋朝政府还鼓励学者对生产中的具体问题展开研究，持续两百年的"吴中水利研究"课题的形成与发展就是例证。在这样一个有利社会环境下，为什么没能将"丰富的农业技术知识和实践经验"上升为"科学性的原理知识"呢？可能是因为我们过分强调了应用性和功利性，专注于实用技术的创新，而追根溯源的科学探索精神相对不足，加之在实验证明和逻辑分析方面的欠缺，导致科学意识和科学方法的薄弱，没能建立起系统的科学研究理论和方法体系以及坚实的自然科学基础。这方面的教训值得我们深思和警醒。

三、外来蔬菜作物（胡萝卜、大蒜）研究的中外比较

（一）关于胡萝卜的中外研究

胡萝卜起源于中亚地区，那里已有几千年的栽培历史。阿富汗为

紫色胡萝卜最早的演化中心，已有近 3 000 年的人工栽培历史。其实胡萝卜很早就传入了中国，汉武帝时张骞出使西域打通了丝绸之路以后，紫色胡萝卜就传入我国。由于那时的胡萝卜根细、质劣，又有一股特殊气味，在相当长的时间内只是作为药用植物或调料品使用。直到公元 10 世纪以后，胡萝卜才作为栽培作物再次沿着丝绸之路传入中国，并在我国北方得到较快的传播，逐渐选育形成了黄、红两种颜色的生态型，接着很快传入淮河和长江流域，逐渐在全国普及开来。

胡萝卜的大发展过程应该始于宋、元年间，南宋《新安志》中已经有了胡萝卜的栽培记述；到了元初已经把胡萝卜列入官修农书《农桑辑要》中，作为蔬菜作物正式地加以介绍和推荐。元朝时期因统治者受中亚地区饮食文化的影响较深，胡萝卜受到了较高的重视，有了较快的发展。到了明代胡萝卜已经被更多人所熟悉，并开始走向寻常百姓的餐桌，在医药等方面用途也得到了广泛的挖掘。李时珍编撰的《本草纲目》记述说："通常八月下种，生苗如邪蒿，肥茎有白毛，辛臭如蒿，不可食。冬月掘根，生、熟皆可啖，兼果、蔬之用。根有黄、赤二种，微带蒿气，长五六寸，大者盈握，状似鲜掘地黄及羊蹄根。三、四月茎高二、三尺，开碎白花，攒簇如伞状，似蛇床花。子亦如蛇床子，稍长而有毛，褐色，亦可调和食料。根味甘、微温，无毒。有下气补中，利胸膈肠胃，安五脏，令人健食，有益无损。"同时还指出：胡萝卜籽能主治久痢。另外，关于胡萝卜加工食品的记述也逐渐多了起来，明代王象晋的《群芳谱》上说："胡萝卜鲜者切片，略炸控干，加入葱丁、莳萝、茴香、川椒、红豆研烂并盐拌匀，腌一时食。"胡萝卜从而就成为不错的日常小菜。进入清代各具特色的胡萝卜食品更是遍及全国，如清宫御膳四大酱之一的炒胡萝卜酱；北方人最爱的胡萝卜羊肉水饺、包子和肉饼；新疆内蒙古的胡萝卜手抓饭；四川的灯影胡萝卜丝和胡萝卜姜卷等。实践中还发现了胡萝卜的调色作用，用芝麻油烧温放入红萝卜就能沁出红油，将其涂抹在芙蓉鸡的切片上，鲜艳美观，诱人食欲，这表明那时的人们已经认识到胡萝卜色素具有油溶的特点。清代吴其濬的《植物名实图考》在介绍胡萝卜用途时还提到："嗜大尾羊者必合而烹之，可以去膻味。"

至于胡萝卜的栽培方法，明代徐光启在《农政全书》中介绍说："胡萝卜，伏内畦种，或壮地漫种，频浇灌，则自然肥大。"清末出版的《老农笔记》中则详细介绍了胡萝卜的栽培和管理方法，并特别介绍了移栽种法的好处，认为经过移栽栽培的胡萝卜生长健壮、鲜嫩可口。不管是自然栽培或是移栽栽培，都要求土质肥沃、疏松，施足底肥，适时播种，勤加灌溉，加强田间管理，才能获得较好的收成。

差不多在同一时期（公元 10 世纪），紫色胡萝卜也通过伊朗传入欧洲大陆，中世纪欧洲人已开始将胡萝卜作为作物栽培，逐渐成为欧洲人饮食中不可缺少的食物。同样，欧洲民众对胡萝卜的接受和青睐也有一个比较长的过程，由于口感等原因，16 世纪以前的欧洲主要是将胡萝卜作为饲料作物使用，随着品种的不断改良，胡萝卜才逐渐走入欧洲人的餐桌。最早是烤着吃，或加入一些到蛋糕中以改善口味和颜色，后来做成胡萝卜沙拉和胡萝卜布丁，很受欧洲人的欢迎。欧洲早期胡萝卜改良育种方法也和中国一样，就是从外来的原始品种中，选择适合当地栽培条件和口味喜好的变异体，然后逐渐优中选优，不断改进和提高。由此培育出黄、红、橙等多种颜色的变异体，根茎逐渐变粗变长，甜味也有所增加，产量有了一些提高。这种采取群体选择或系统培育的方法，虽然在一致性和稳定性方面往往不太理想，但也能基本满足生产的需要。他们利用原始品种 Horn 和 Long Orange，经过多年纯化培育，到 1763 年已衍生培育出 3 种类型的橘色胡萝卜：

Early Short Horn、Early Half Long Horn 和 Late Half Long Horn。到了 19
世纪又衍生培育出 8 种在根形、熟性和颜色等方面各有不同的胡萝卜
栽培品种。这其中法国的维尔莫林家族功不可没，自 1815 年，菲利
普·维尔莫林，开始了提高胡萝卜甜度的研究，儿子路易斯·维尔莫
林子承父业，继续开展胡萝卜的育种研究，经过几代人的努力，直到
孙子亨利·维尔莫林，才通过双亲杂交和性状互补的方法，育成了胡
萝卜新品种猩红南特和尚特耐等，甜度和产量都有明显的提升。进入
20 世纪，欧美等众多研究机构或种子公司纷纷开展有性杂交育种研
究。1928 年美国 Asgrow 种子公司利用 Nantes 和 Chantenay 杂交获得新
品种——Imperator，迅速在美国推广开来，占居当时美国市场的 95%。
以后又陆续育出了 GoldPak、WalthamHicolor 等，其中 GoldPak 是通过
Long Imperator 和 Nantes 杂交获得的。日本也通过杂交选育培育出橘红
色品种黑田五寸（Kuroda），在亚洲一带有很大的栽培面积。20 世纪
40 年代，国外又开展了胡萝卜杂种优势利用的研究，以进一步挖掘生
产潜力。但由于胡萝卜为异花授粉作物，花器官很小，杂交工作费时
费力。直到 1947 年，Welch 和 Grimbal 才发现了瓣化型胡萝卜雄性不
育材料，接着 1953 年 Munger 又发现了褐药型胡萝卜雄性不育材料，
经过对其不育遗传机制的深入研究，最终于 20 世纪 60 年代初应用到
胡萝卜杂交种的生产中，从根本上解决了品种的一致性和稳定性问题，
大大提高了胡萝卜的丰产潜力。我国胡萝卜杂交育种研究工作起步于
20 世纪 60 年代，全国不少育种单位都陆续培育出自己的胡萝卜新品
种，并在国内得到一定程度的推广。吴光远等在 Imperator 品种中发现
了胡萝卜褐药型雄性不育株，并进行了雄性不育系的选育工作，80 年
代中期获得杂种优势利用上的初步突破。

　　此外，欧洲学者们很早就关注了胡萝卜的营养成分的问题，特别

想弄清楚胡萝卜为什么会有如此鲜亮独特的色泽，以及这种色素对人体健康的影响。1809 年英国化学家戴维就分析过胡萝卜的营养成分，指出新鲜胡萝卜的含水量高达 89%，含糖量为 4.5%，还有一些其他的碳水化合物，第一次向世人揭示了胡萝卜的基本营养成分。对胡萝卜中的诱人色素的探究也一直没有停止过，1831 年德国学者瓦克恩罗德博士从胡萝卜中分离出一种红橙色的色素结晶，无味，不溶于水，但可以很好地溶于油脂等有机溶剂，定名为胡萝卜素。1929 化学家艾德加·莱德勒从胡萝卜素中进一步分离出 α-胡萝卜素、β-胡萝卜素、γ-胡萝卜素等三种不同结构的同类物，尤以 β-胡萝卜素在胡萝卜中含量丰富。1931 年瑞士的保罗·卡雷尔首次证实 β-胡萝卜素是人体维生素 A 的前体，人体可以将 β-胡萝卜素代谢生成维生素 A，以维持视力健康的需要。至此有关胡萝卜的颜色和视力保健的秘密基本被揭示。

（二）关于大蒜的中外研究

蒜在中国古已有之，原产的蒜，因蒜头较小，俗称小蒜。汉代得"胡蒜"于西域（中亚等地），蒜头大，约十子（瓣）一株，故称之为大蒜。东汉时我国已有大蒜的栽培，据史料记载，东汉廉吏李恂（生活于公元 1 世纪）在山东兖州任刺史期间，就曾在自家的菜园里栽种大蒜，送予邻居和同僚分享，毕竟那时的大蒜是稀罕之物。《三国志·华佗传》记载了华佗（公元 145—208 年）曾用大蒜治疗人的咽喉疾病。后来关于大蒜的栽培和应用研究记载就逐渐多了起来。北魏（公元 386—534 年）贾思勰在《齐民要术》中曾就大蒜的种植作了详尽的讨论，指出"蒜，宜良软地。白软地，蒜甜美而科大，黑软次之；刚强之地，辛辣而瘦小也。"因此，要求做到"三遍熟耕"，最好"在九月初以前种植，五寸一株，以便左右过锄。冬寒，可取谷壳释布于地，以防受冻。二月半锄之，令满三遍，勿以无草则不锄，不锄则科（颗）小。條拳而扎之，不扎则独科。叶黄锋出，则辩于屋下风凉之处。"以上记述，既包括了土壤的选择、整地、下种、锄草、札条等农事活动，又包括了打辫、晾晒、收藏等后期处理。这是我国古代对大蒜种植的最早经验总结。唐宋以后，大蒜逐渐成为人们的家常蔬菜，种植十分普遍，历代农书均对其进行了拓展记述，如明人徐光启的《农政全书》就指出"蒜：于肥地，锄成沟垄，隔两寸栽一科，粪水浇之。八月初可种。或以牛草、小便浸之，将种包在内，一夹粪土栽之，上粪令厚，其大如碗。"为集约种植，也可进行畦田穴种，每穴先下麦糠少许，地宜虚，春暖则锄。拔苔时须保持土壤湿润。以上足以说明我国古代已在大蒜种植方面积累了十分丰富的知识。明清时期，我国南北各地均能见到大蒜的栽培，通过世代的种植适应和不断优中选优，形成了各具特色的地方农家品种，不仅有山东金乡的白皮蒜，天津宝坻的红皮蒜；还有形态各异的四瓣蒜、六瓣蒜和多瓣蒜等多种品种类型。清嘉庆年的《密县志·物产志》就记载有："蒜，黑须大瓣者为上，白皮者次之，红者为下。"这说明当时的密县就已经存在着多个品种类型。另外，我们的祖先很早就学会了独头蒜的栽培方法，贾思勰研究指出：若"收条中子种者，一年为独瓣；种二年者，则成大蒜，科皆如拳。"也就是说：利用气生鳞茎进行繁殖，会生产出独头蒜来。古人还注意到：不同的品种或同一品种在不同的土壤气候条件下所产出的大蒜，在辣味上会有一些差别；也知道用蒜白子加工出的蒜泥要比用菜刀切出的蒜片味道要辣一些，高温蒸煮和爆炒均可以使这些辣味物质消失。

对大蒜药食同源的权威记述要数明代李时珍编撰的《本草纲目》，其中说道："八月下种，春天吃蒜苗，夏初吃蒜薹，五月份则吃其根，秋季收种。"并指出其味辛，性温，气烈，能通五脏六腑，使眼耳鼻口七窍畅达。有消痈肿、化腐肉和下气消食之功效。也可用于通气温补、除风湿、破冷气和治疗毒疮、癣、蛇虫之毒等病症。对强健脾胃，治疗腹痛腹泻同样有着很好的效果。至于大蒜和其他食物、药物搭配的治疗妙用，更体现了古代中国人的聪明智慧和丰富创意，比如用大蒜和豆豉丸服下，可治大便出血、小便不通。大蒜和鲫鱼一起做成丸子吃，可治胸闷胀满。大蒜和蛤粉一起做成丸子吃，可消水肿。同黄丹丸一起吃，可治痢疾。同乳香丸一起吃，可治腹痛等。当然大蒜也是很好的保健品，《王祯农书》就曾推荐在旅途中带上它，以预防胃肠疾病。民间也常把醋泡大蒜作为保健品食用。这说明中国古代早就已经对大蒜的医疗保健功能有了比较全面的开发和深入的了解。

对大蒜食用功能的开发，古代中国人几乎做到了极致。一蒜多用，可生食，熟食，也可腌制；一蒜多吃，可以吃蒜苗，蒜薹，也可以吃蒜头，各地均开发出多种不同的用法和吃法。早在北魏贾思勰所著的《齐民要术》中就介绍了用大蒜做成的"八合齑"调味品，指出大蒜在去腥添味方面的不俗作用。后来大蒜被用来制作多种特色菜肴，如大蒜肥肠、肚丝烂蒜、蒜薹鳝段、四川大蒜鲇鱼等都是深受民间欢迎的佳品名菜。在大蒜腌制方面，明代《明圃便览》中就介绍了糖蒜的腌制方法，清代北京人爱吃的腊八蒜更是腌菜中的一绝，北方人吃肉面和水饺时尤其不能缺少它。

比较而言，欧洲栽培和食用大蒜的历史也不算短。中世纪的欧洲人就知道食用大蒜可以预防疫病。并把用醋泡制的大蒜称作为"四大盗"（传说在瘟疫流行期，四个盗墓贼因盗墓前常食用醋蒜而避免了瘟疫感染）而加以推崇。因此大蒜的种植比较普遍，也选育了一批适应各地气候和土壤条件的地方品种。如德国的红蒜，辛辣浓烈；德国耐寒蒜，含糖量高、耐寒性强；西班牙红蒜，味道纯正，适应性强。14 世纪法国美食家蒂利尔在其《肉类食谱》中介绍了多种蒜制食品，尤以各类蒜酱最为著称，如绿蒜酱、白蒜酱、葡萄蒜酱、蒜泥蛋黄酱等。特别是盛行欧洲的普罗旺斯的海鲜大杂烩，更是因蒜生色，因蒜闻名。蒜香肠也是欧洲较为流行的食品。想方设法开发新食品和新应用可能是人类的共同天性。难能可贵的是，近代的欧洲人并没有停留在日常的经验上，而是开启了大蒜的科学研究之路。1858 年法国细菌学家巴斯德把大蒜汁放入长有细菌的培养皿中，发现凡是大蒜汁亲润的地方，细菌的生长就受到了明显的抑制，首次揭示了大蒜的抑菌作用。那么这种抑菌的物质是什么？辣味物质是怎样产生的？1892 年德国化学家塞姆勒试图提取这种物质，经过反复的尝试和不断的努力，最终提取出一种浓缩的油状物，命名为大蒜精油，并断言那种抑菌物质就在大蒜精油之中。1902 年伦多克威斯特进一步用酒精溶解法，从大蒜中提取一种纯净的化合物，命名为蒜氨酸。1944 年有机化学家切斯特·卡瓦利托，通过蒸馏大蒜的提取物，最终提取出具有辛辣气味和抑菌作用的物质大蒜素。1950 年瑞士化学家斯特尔，通过大量的实验工作，又发现大蒜中另一种重要成分——蒜苷酶，至此大蒜中的辣味物质及其产生过程被完整揭示。大蒜中同时存在着蒜氨酸和蒜苷酶两种物质，平时它们之间是分离的（即存在于细胞的不同部位），只有当这两种物质充分接触并相互作用后（一种酶促的催化反应），才产生出具有辛辣气味的物质大蒜素。这也就解释了为什么用蒜臼加工成的蒜泥会比蒜片辣上一些，因为蒜泥在捣碎的过程中，使两类物质得到了充分的释放和混合，于是产生了更多的具有辣味的大蒜素。而高温（如超过 100℃的高温）可以使蒜苷酶失活，无法催化蒜氨酸向大蒜素的转化。这也就解释了为什么蒸熟或油炸的大蒜就失去了原有的辣味。实验证明大蒜素不光能抑菌抗菌，还能抑制某些寄生虫的生长，促进胰岛素的分泌，对人体维生素 B_1 的吸收和利用也有帮助。

由于大蒜是无性繁殖作物，品种选育工作主要是靠对自然突变体的系统选育，效率低，进度慢。进入 20 世纪出现了人工诱变技术（物理诱变和化学诱变等），不少育种工作者都尝试去创造有利变异，Nabulsi 等率先采用 γ 射线处理当地大蒜品系，选出了耐白腐病的新品种（感病率仅为 3%～5%，而对照的感染率是 20%～29%）。从根本上讲，解决大蒜作物的育性问题，生产出杂交种子，才是实现品种改良的关键途径，多年来许多科技工作者都在为此付出努力。20 世纪 80 年代日本的 Etoh、美国的 Simon 及其研究小组率先利用从中亚或其他地区搜集到的材料成功地进行了大蒜种子的有性生产。我国也紧追其后，在脱毒快繁、有性杂交等方面也取得了积极进展。

（三）中西方研究特点的比较

在上千年的胡萝卜和大蒜栽培和应用的过程中，中外学者都不约而同开展了一些相关研究和实践探索，且表现出不同的特点和风格。

从总体上讲，中国学者更加关注胡萝卜和大蒜的高产栽培，更加注重作物生长的环境和外部联系，并努力创造条件改善作物生产的条件，通过因地制宜、因时制宜的栽培管理，努力使作物的生长与发育、个体与群体以及环境各要素间得到平衡和协调，进而获得高额的产量。尤其注重通过改土施肥、适时播种、合理密植、灌溉保墒、中耕除草等精耕细作的农艺措施去实现高产。对产品的功能开发、加工和利用的研究更是不遗余力，使胡萝卜和大蒜的应用潜力得到了充分的发挥，无论是作为蔬菜和佐料，还是作为药物和保健品；无论是生食、熟食和腌制，还是烹制各具特色的菜肴佳品，其物质利用之充分，功能开发之完善，构思之巧，技术之妙，都令人惊叹。

而西方学者，则更加关注农作物的内在遗传和生理问题，尤其注重胡萝卜和大蒜的内部物质组成及性质、特色成分及生理药理作用等，更多关注功能的揭示和机理的阐发，擅长于采用实验分析、生化分析、遗传分析、逻辑分析等手段，进行较为深入的科学研究。

中国古代的农业知识主要是从生产实践中来，以感性的、经验的认知和灵巧、美妙的技术居多。而与中国学者重视实践和实用相比，西方学者更重视概念的抽象与内在机理的揭示，就拿胡萝卜素的脂溶性现象来说，显然中西方学者都注意到了这一事实，我们对"胡萝卜在热麻油中可以浸提出色素物质"的情况十分清楚，并巧妙加以利用；而西方学者却是用多种油脂类物质对胡萝卜色素进行溶解性实验，进而抽象出"胡萝卜素具有脂溶性性质的概念"，并弄清了胡萝卜色素的化学组成，分离纯化出 α-胡萝卜素、β-胡萝卜素、γ-胡萝卜素等色素物质，证实了 β-胡萝卜素是人体维生素 A 的前体和对视力健康的作用。大蒜素的发现也是一样，我们虽然知道蒜泥比蒜片更辣一些，蒜的辣味可以通过蒸煮和油炸后去除，辣味物质具有驱虫消炎的作用；但对辣味物质的存在方式、产生过程、理化性质和治病机理却知之甚少。而西方学者则通过一系列的实验分析、逻辑推理和严密实证，揭示大蒜中辣味物质的化学成分，发现了蒜氨酸和蒜苷酶等关键性物质，弄清了正是蒜苷酶催化了蒜氨酸向大蒜素的转化，而蒜泥比蒜片的酶促作用更加充分，也就更有利于辣味物质的生成。由于大蒜素特殊的含硫结构，才使其具有辛辣气味和抗菌作用。高温可以使蒜苷酶失活，进而阻断了辣味物质的生成。这些经过科学实验和严密论证得到的知识，往往更具有普遍性和科学性，对人类正确地认识和理解自然规律是极为重要的。

四、对中国古代农业科技知识结构
及获取路径的思考

中国古代的农业科技知识来源于生产实践，来源于人们在农业生存斗争中，为提高生产效率和增加劳动收获而进行的大胆探索和不懈追求。这其中也凝聚着无数古代农学家、种养能手等的能动创新和伟大创造，从而推动着我国农业科技知识的不断丰富和发展。中国古代农业科技在当时世界上长期保持领先地位，得益于我们的先辈们"勤于观察、善于想象、精于技艺、明于哲理、重于应用、长于辩证"的优秀特质和创新本色。中国古代的农业科技知识按其获取途径，大致可分为三种结构类型，一是技艺和器物类知识，二是辨析类知识，三是观念和哲思类知识。第一类知识起始于直观感觉，发展于联想与类推，成就于实验和"试错"，最后才形成有效的技术或有用的器物。第二类知识则是起始于对事物的辨认、区别和特性感知，发展于调查研究和分析归纳，成就于实践验证和总结提高。而第三类知识是在前两类知识的基础上的积极思辨和哲学归纳，形成总体的思想观念和价值取向，从而指导农业发展，并在实践中检验和丰富。通往真知的道路大都是漫长和曲折的，需要经过由实践到认识、再由认识到实践的多次反复才能完成。

第一类知识通常是从对现象和事实的观察开始，既注意常态性变化，又不放过偶然发生的情况，努力捕捉新事实、新现象和新变化；通过联想和类推去拓展视野、建立联系、运筹方法；经过实践验证和总结提高，从而建立新技术、创造新器物，并在实践中丰富和发展之。以施肥技术为例，试想在古代的某一天，一位农夫偶然注意到大粪旁边的庄稼生长得特别的茂盛，绿油油的，与外周黄瘦的植株形成了鲜明的对照，这一现象引发了他的好奇和关注，在仔细观察比较后，确信这是一个新情况，他开始想象和推测，"也许是大粪能起到某种促进生长的作用"，顺着这个想法，他就想亲自试上一试，于是就找来粪水施到那些黄瘦的作物上，很快就看到了促进生长的效果，这更加坚定了自己的判断。在与邻里交流了看法后，大家也都试着给庄稼施用一些的粪肥，从而扩大了实验范围和规模，积累了更多的实践经验。从人粪，到猪粪、牛粪、鸡粪等，不断扩大粪肥的范围；从基施、追施、水肥并施，到经过沤制、堆制熟化后施用，施肥方法逐渐改进；不断地扩大视野、增加知识，直到形成了较为完备的施肥方法。这中间也经历了种种的失败和挫折，比如生鲜的粪肥多施了会烧死幼苗；在作物生长后期过多的追肥，会造成庄稼的贪青晚熟、花而不实等；再比如不同的肥料、同一肥料不同的施用方法、同一施用方法在不同的作物和土壤上，其效果往往不尽相同等，正是在对这些具体问题的研究和解决中，逐步提高了我们的施肥水平和对改土施肥的认识，随之又发明了绿肥和轮作换茬等技术，使我国走出了一条用地与养地相结合的可持续生态农业的发展道路。

再比如"果树整枝技术"创立，同样是来自一次对偶然事件的特别关注和联想思考。试想有那么一天，一个老农因某种偶然的原因弄断了一棵果树的枝条或芽尖，不久便发现这种局部的创伤并没影响整株的产量，反倒使余下的花果长得更好，这一现象不能不让他浮想联翩，难道说摘除某些枝芽对果实的产量和质量有益而无害？于是这位有心人就开始了反复的实验探索，看一看摘除哪部分枝条和芽尖对提高挂果质量更加有利？在什么时期摘除效果最好？邻居们见了也都帮着做起了实验，如此一来，经过无数次试错，经验便逐渐地积累起来，慢慢地就总结出一套规律来，形成了一套果树整枝的技术和方法。

新品种的发现和培育也是这样，一场突如其来的暴风雨，把整田快要成熟的庄稼给吹倒了，偶尔有那么一两棵仍倔强挺立着，仔细观察却发现，其株型矮健，茎秆粗壮，根系也比较发达，因而经受住了风雨的侵袭，于是农人们就小心翼翼将其单收单打，妥为保存，来年继续种植观察，优中选优，精心培育，最终产生了一个矮秆抗倒的新品种。事实上，抗病品种的培育也大同小异，只不过抗病性的鉴定往往比较困难，需要较长时间的观察对比才能确定其抗性的表现。

农具的发明也大体沿着相同的道路行进，人们开始只是感到已有的农具用作当下的劳作不太方便，或效率低下，或费时费力，经过仔细的观察和琢磨，尤其是受到某种启发而展开联想时，很快就在脑海里浮现出许多新想法、新形态或新改进，接着便会对现有农具进行改造和改良，经过实践检验和不断完善，一个新农具就这样诞生了。从耜头到锄头再到犁头的发明过程，无不是这样走过来的。

在中国古代，一项实用技术或创新产品的形成与发展，往往起始于敏锐而细心地观察和意外的发现，通过积极地想象、联想和类推，在进行大量的实验和试错后，形成新的技术发明和器物创造，这既是生产发展的要求，也是先辈们经验和智慧的结晶。实践没有穷尽，发明创造也永无止境。

第二类的辨析知识，同样起源于生产实践，人们在长期的观察、比较和分辨中，逐渐认识和捕捉到不同事物的各种特性，经过进一步的调查整理和分析归纳，提出一些见解、意见和想法，并在实践中检验、丰富和完善，最终形成一些带有规律性和经验性的知识或解决问题的方案。比如对不同土壤认识，就经历了对不同土壤的逐步辨识，首先映入眼帘是土壤颜色的差异，有黄色、褐色、棕色、灰白色等不同的颜色；通过细细的分辨，又发现了质地上的差异，有的颗粒粗大，有的颗粒细小；有的坚硬，有的绵软；有的黏重，有的松散等；又通过对不同作物的种植体验，还会发现，有的土壤肥沃，有的瘠薄；有的土壤保水耐旱，有的土壤保水性差；有的适合于这种作物，有的适合于那种作物；在对这些观察和经验进行分析和归纳后，就会对不同土壤的特性有了一些基本的认识，明白了性状间的关联性及其与土壤肥力的关系。经过系统的大范围调查，还会发现土壤的区域性分布规律（比如河流下游冲积形成的土地，沙质含量由近到远而逐渐降低），并依据不同的土壤特性把全国的土壤划分为若干个不同的类别。正是通过这种调查和辨析，使人们获得了丰富的土壤学知识。古代的作物学、昆虫学、畜牧学等知识的积累，也大体经历了同样的过程，先是从认识生物的外观性状开始，再认识其生活习性、生长发育规律及其环境影响，进而指导人们种养管理和防虫治虫。比如对蝗虫危害作物的认识，就是从观察和调查开始的，蝗虫自古就是我国粮食生产的大敌，"新禾未熟飞蝗至，青苗食尽馀枯茎""旱蝗千里秋田净，野秫萧萧八月天"都是对"蝗害"惨状的描述，对蝗虫的发生发展规律和危害特点的了解也经历一个不断的认识过程，早在汉代，人们就了解了蝗虫的迁移特点，提出了"沟坎阻蝗法"的预防措施，起到了一些阻隔作用；北汉氾胜之发明了"溲种法"，即用马骨、蚕矢、附子等熬制的混合物处理种子和土壤，也起到了一些辅助的防治作用。唐朝的姚崇已经明白了蝗虫的趋光性，提出了"夜火坑埋"的灭蝗主张，效果有了明显的进步。而真正从根本上认识和解决蝗虫问题的是明代科学家徐光启，他几乎查遍了史料上一百余次蝗灾发生发展的记载。经过细心的归纳分析，他发现了蝗灾发生时间大都在农历4—9月，特别是7—8月出现的概率最高。从爆发的区域规律看，黄河下游为多发区，以"幽涿以南，长淮以北，青兖以西，梁宋以东"的地区较为频发，尤以干旱少雨而干涸的湖泊地域的危害最为严重。在掌握了蝗灾发生的时间和地点规律后，他又着手调查蝗虫的生活习性，明白了蝗虫从产卵到幼虫再到成虫的生育过程和发生、泛滥的危害过程。针对蝗虫发生和成灾的规律，他提出从虫卵期开始灭蝗的策略，彻底消灭蝗虫滋生的环境，割掉低洼积水处的水草，以清除蝗虫产卵场所，尽可能将蝗虫消灭于萌芽的状态，一旦发现有漏网虫卵形成，就要通过撒草木灰等进一步进行土壤处理，阻止虫卵孵化成幼虫，再有漏网者可进行挖沟扑杀和毒物诱杀。通过这样的早期防治、层层截杀，一般都能够取得比较理想的防治效果。不仅如此，他还提出调整种植结构，多种蝗虫不食用的芋、桑、豌豆、绿豆、大麻、芝麻等农作物，进行生态防治。创立了蝗虫防治的系统解决方案，积累了丰富的昆虫学知识。

这类知识虽然主要来自于自然观察、调查和经验的总结，但已经有了一些系统化的整理、加工和分析思考，并具备了初步的科学形态，这在古代的社会条件下是十分难能可贵的。

第三类知识是在前两类知识基础上的积极思辨和哲学归纳。在技术创制、演进和实施的过程中，通过对其促进农业发展整体效果的评估和辩证思考，特别是通过对农业发展中正反两面经验和教训的反思和总结，建立了整体的农业发展观和农业科技发展的价值取向。形成了"尊重客观规律、道法自然"的发展理念，强调因地制宜、不违农时的农业生产安排；树立了"天人合一、万物并育"的生态和谐观念，强调乡村生产、生活、生态的一体化统筹，发展生态循环农业；强调农林牧副渔多业并举、协调发展。既倡导"精耕细作、节本高效，不断开发新技术"的"有为农业"发展思想，又强调"用地与养地相结合、资源开发利用与修复保护相统一"的可持续发展理念。正是这些辩证的观念、实践的观念，矛盾平衡协调的观念，深刻影响着古代中国的农业和农业科技的发展和走向。实践表明，这类知识对指导我国的农业生产和农业科技的发展是极其宝贵的，它闪耀着朴素自然哲学的光芒，直到今天仍有着重要的现实意义。

虽然中国古代长期处在封建专制的社会，但多数时期对农业都是非常重视的，涌现了一大批杰出的农学家和种养能手，他们重视实践、锐意创新，勤于观察、善于想象、精于技艺、明于哲理、重于应用、长于辩证，留下了丰富的农业科技知识和数以千计的农学著作，是一笔十分宝贵的知识财富。

要说中国古代科技知识有什么不足的话，那就是其理论性和系统性有所欠缺，对许多问题背后的深层次原因、技术方法的工作原理和作用机制等，往往缺乏深入的了解；对生命物质的结构和组成，更是知之甚少。这其中的原因是多方面的，但就知识生产的路径来看，主要有三个方面的问题，一是不太注重科学概念的建立，因而就无法从本质上区别事物，常常是大而化之，边界模糊，难以做到精确定义和准确的描述，不利于科技的深入发展；二是不太注重科学实验，鲜有严谨的实验设计和精准分析（如实验的技术方法、材料和处理、对照的设置和重复、结果的统计及误差分析等），实证性不足，因而就很难得出有说服力的严谨结论；三是不太注重逻辑推理、分析演绎和数学归纳，因而无法真正做到由表及里、由浅入深的理论升华和高度的数学抽象。

主要参考文献

陈静，2023-08-11.《元亨疗马集》：我国古代兽医学瑰宝［N］. 科技日报（8）.

陈平平，1998. 我国宋代的牡丹谱录及其科学成就［J］. 自然科学史研究（3）：254-260.

陈正奇，1998. 氾胜之与《氾胜之书》［J］. 西安教育学院学报（2）：34-36.

崔德卿，2014. 明代江南地区的复合肥料：粪丹的出现及其背景［J］. 中国农史（4）：30-44.

杜新豪，2016. 气论与医道：宋代以降士人对施肥理论的阐述［J］. 中国农史（4）：23-30.

范楚玉，1991. 陈旉的农学思想［J］. 自然科学史研究，10（2）：169-176.

范志民，闵庆文，王立胜，2023-07-27. 中华农耕文明：将传统融入现代［N］. 农民日报（8）.

葛小寒，2020. 从《树艺篇》到《汝南圃史》［J］. 自然科学史研究（1）：65-80.

李长泰，陈凌建，2009. 实用思维与中国古代农业科技发展的困

境 [J]. 湖南农业大学学报（社会科学版），10（3）：59-62.

李富强，曹玲，2017. 清代前期我国蚕桑知识形成与传播研究 [J]. 中国农史（3）：36-45.

李根蟠，1998. 读《氾胜之书》札记 [J]. 中国农史，17（4）：3-16.

李天刚，朱维铮，2010. 徐光启全集 [M]. 上海：上海古籍出版社.

刘静芳，刘曦，2022-02-14. 万物并育而不相害 [N]. 光明日报（15）.

刘香莲，2000. 中国古代农具的生产与发展 [J]. 雁北师范学院院报，16（5）：88-90.

刘旭，2012. 中国作物栽培历史阶段划分和传统农业形成与发展 [J]. 中国农史（2）：3-16.

刘用生，2001. 中国古今植物远缘嫁接的理论和实践意义 [J]. 自然科学史研究（4）：352-361.

潘云，姚兆余，2007. 从元代王祯《农书》中透视农业生态思想 [J]. 安徽农学通报，13（3）：73-75.

邱志诚，2023-05-15. 宋代农学：集大成以开新统 [N]. 光明日报（14）.

孙明源，2023-07-28. 从传统农业看中华科技文明 [N]. 科技日报（8）.

孙爽，2021-11-12.《王祯农书》：一部中国古代农业百科全书 [N]. 学习时报（7）.

孙振民，2019. 氾胜之灾害防治思想 [J]. 农业考古（4）：120-125.

王宝卿，马刚，2019. 氾胜之其人其书影响研究［J］. 中国农史（5）：50-59.

王金丽，于淑华，2020.《王祯农书》菌子篇的内容及价值简析［J］. 中国食用菌，39（11）：160-163.

王劲草，2002. 农业生产辩证法［M］. 北京：中国农业科学技术出版社.

王利华，2012. 古代《竹谱》三种考证与评价［J］. 中国农史（4）：8-17.

王星光，1994. 中国古代农具与土壤耕作技术的发展［J］. 郑州大学学报（4）：8-11.

王育济，2020. 从《氾胜之书》看生态农业［J］. 春秋论坛（1）：62-65.

王子凡，张明姝，戴恩兰，2009. 中国古代菊花谱录存世现状及主要内容考证［J］. 自然科学史研究（1）：77-90.

吴天钧，2013. 王祯《农书》的农学思想及其当代价值［J］. 安徽农业科学，41（36）：14152-14155.

吴天钧，张双婷，2014. 王祯《农书》的农学思想探［J］. 鄂州大学学报，21（4）：32-33.

熊帝兵，惠富平，2021. 中国古代踏粪技术传承与变迁［J］. 自然科学史研究（2）：149-160.

杨常伟，2019. 农业史话［M］. 上海：上海科学技术文献出版社.

杨剑波，2023. 科技创新概论［M］. 合肥：安徽科学技术出版社.

张芳，王思明，2011. 中国农业科技史［M］. 北京：中国农业科学技术出版社.

张景书，2003. 古代农业教育研究［J］. 西北农林科技大学博士研究生论文.

张雨青，袁首乐，1990. 安徽农学人物选编［M］. 合肥：安徽人民出版社.

钟守华，1992. 中国古代农业科技发展的计量分析［J］. 科学学与科学技术管理，13（3）：24-26.

周晴，2012. 环境、技术与选择——南宋时期湖桑的形成［J］. 自然科学史研究（3）：263-276.

朱新民，齐连印，1992. 农学概论［M］. 合肥：中国科学技术大学出版社.

朱信凯，2023-07-07. 农耕文化是中华民族宝贵的文化遗产和文化资源［N］. 学习时报（6）.

朱学西，1997. 中国古代著名水利工程［M］. 北京：商务印书馆.